機率學在日常中的角力

亂數中的秩序

張遠南　著

密碼破譯 × 抽籤順序 × 投擲骰子 × 布朗運動

從賭桌到實驗室，數學如何定義命運？

偶發事件、摸彩賭博、魔術求π……
從賽馬到科學，數學如何解釋世界的「偶然」？
在不確定中找尋確定，學會用數學思維解碼生活中的不可預測！

目錄

目錄

序

自然界的現象大致可分兩類，一類是確定性現象，另一類是隨機現象。

從表面看，對隨機現象的每一次觀察，結果總是偶然的、不可預知的。但多次觀察一個隨機現象，便能從中發現規律。正如常見的擲硬幣遊戲那樣，多次投擲一枚硬幣，出現人頭的可能性大約占一半。這是一種在偶然中存在的必然。

機率論的歷史，可以追溯到相當久遠的年代。第一篇研究機率的論文，發表於1657年，距今已有3個多世紀。300多年來，在幾代人的努力下，機率論已發展成為一門理論完善、內容豐富、應用廣泛的學科。

本書沒有打算、也不可能對機率論的理論做完整和連貫的敘述，那是教科書的任務。本書的目的，只是想激發讀者的興趣，並由此引起他們自覺學習這門學科的欲望。因為作者認定，興趣是最好的老師，一個人對科學的熱愛和獻身，往往是從興趣開始的。然而人類智慧的傳遞，是

一項高超的藝術。從教到學，從學到會，從會到用，從用到創造，這是一連串極為主動、積極的過程。

作者在長期實踐中，深感普通教學的局限和不足，希望能透過非教學的方法，嘗試人類智慧的傳遞和接力。

由於作者所知有限，書中的缺點、錯誤在所難免，敬請讀者不吝指出。

但願本書能做引玉之磚，拋臨人間！

張遠南

一、

神奇的功勳

一、神奇的功勛

北宋慶曆、皇祐年間，廣源州蠻族首領儂智高在南部不斷擴張勢力，建立「南天國」政權。1052 年 4 月，儂智高起兵反宋，5 月攻陷邕州（即今南寧），自立「仁惠皇帝」，又自邕州沿江而下，所向皆捷，朝野震動。

1053 年，大將狄青奉旨征討儂智高。因為當時南方有崇拜鬼神的風俗，所以大軍剛到桂林以南，他便設壇祭拜天神，說：「這次用兵，勝敗還沒有把握。」於是，他拿了一百枚銅幣向天神許願：「如果這次出征能夠打敗敵人，那麼把這些銅幣扔在地上，錢面（不鑄文字的那一面）定然會全部朝上。」

左右官員誠惶誠恐，力勸主帥放棄這個念頭，因為經驗告訴他們，這種嘗試是注定會失敗的。他們擔心最終錢面無法全部朝上，反而會動搖部隊的士氣。

可是狄青對此一概不理，固執如牛。在千萬人的注視下，他突然舉手一揮，把銅幣全部扔到地上。結果這一百個銅幣的錢面，竟然鬼使神差般地全部朝上。這時，全軍歡呼，聲音響徹山村和原野。

狄青本人也興奮異常，他命令左右士兵，拿來一百枚釘子，依照銅幣落地的位置，用釘子牢牢地將銅幣釘在地上，並向天神祈禱道：「等到勝利歸來，定將酬謝神靈，收回銅幣。」

由於士兵個個認定有神靈護佑，在戰鬥中奮勇爭先，於是，狄青迅速平定了邕州。

回師時，狄青請下屬按原先所約，把銅幣取回。他的下屬們一看，原來那些銅幣兩面都鑄成了一樣的錢面。

狄青由於建立奇功而升了官。儂智高敗逃大理，不知所終。歷史的一頁，就這麼輕輕地翻了過去。從那時起，時間的長河又把人類的文明史，向前推進了近千年。狄青的奇功，以其獨有的光彩，為人世間留下了永恆的啟迪。要領略這層道理，還得從下面的常識說起。

大千世界，人們所遇到的現象不外乎兩類。一類是確定性現象，另一類是隨機遇而發生的不確定現象。這類不確定現象叫隨機現象。

如在標準大氣壓下，水加熱到 100°C時沸騰，是確定會發生的現象。石蛋孵出小雞，是確定不可能發生的現象。而人類家庭的生男生女，適當條件下的種子發芽……等，則是隨機現象。

我們生活的世界，充滿著不確定性。人們雖然能夠精確地預測尚未發生的必然事件，卻難以預測尚未發生的隨機事件。

人類就生活在這種隨機事件的海洋裡。

現在回到故事的主角身上。

身為大將軍的狄青何嘗不知道，擲一枚銅幣，出現正、反面是隨機的。擲兩枚銅幣會出現 4 種可能：

(正，正)、(正，反)、(反，正)、(反，反)。

擲 3 枚銅幣會出現 8 種可能：

(正，正，正)、(正，正，反)、(正，反，正)、(正，反，反)、(反，正，正)、(反，正，反)、(反，反，正)、(反，反，反)。

每多擲一枚銅幣，各種正、反面的配合種數便增加一倍。因此，擲一百枚銅幣出現某種特定情況（如錢面全部朝上）的希望是極為渺茫的。這應當是人所共知的經驗。狄青的下屬正是因為也深知這一點，才力勸主帥放棄這種嘗試的。

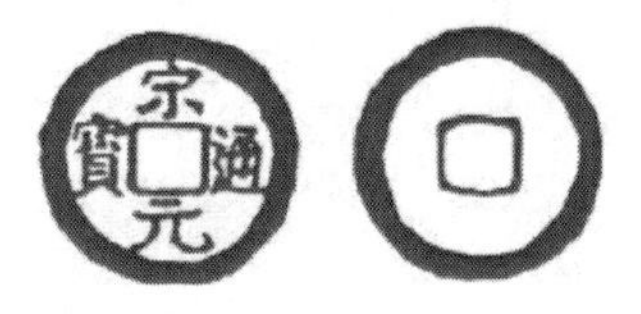

西沙出土的宋初銅幣

廣大的士兵出於對鬼神的崇拜、經驗的啟示，以及對主帥的敬畏與神祕感，則疑信參半，拭目以待。

聰明的狄青，注意到人們在觀察隨機現象時，往往過於相信自身的經驗，而忽視了前提條件。因此，他用偷梁換柱的方法，巧妙地更換了「銅幣有正反兩面」的前提，把銅幣兩面鑄成一樣。這時，對狄青來說，一百枚錢面全部朝上，就是個必然事件，但在別人看來，卻是幾乎不可能出現的。然而，這件事居然奇蹟般地發生了！那時那刻，在眾人的心目中，興奮戰勝了懷疑。他們覺得，神靈的護佑是這種超乎尋常巧合的唯一解釋。於是，這竟然激發起千軍萬馬的勇氣，使狄青贏得了戰爭的勝利。

這個故事帶給人的啟示是：觀察一種現象，不能忽視它的前提。

二、

從死亡線上生還的人

二、從死亡線上生還的人

在〈一、神奇的功勛〉中我們看到，在一種前提下的隨機事件，在另一種前提下可能成為必然事件。同樣地，在一種前提下的必然事件，在另一種前提下也可能不出現。以下兩則「從死亡線上生還」的故事，生動地說明了這一點。

第一個從死亡線上生還的故事。

傳說古代有一位陰險狡詐、殘暴凶狠的國王。有一次他抓到一個反對者，決意要將他處死。雖說國王心中早已打定主意，然而嘴上卻假惺惺地說：「讓上帝的旨意決定這個可憐人的命運吧！我允許他在臨刑前說一句話。如果他說的是真話，那麼他將受刀斬；如果他說的是假話，那麼他將被絞死；只有他的話使我緘默不言，那才是上帝的旨意，讓我赦免他。」

在這番冠冕堂皇話語的背後，國王的如意算盤是，儘管話是你說的，但判定真話、假話的權力在我，該絞該斬還不是憑我的一句話！

的確，如果判斷的前提只是國王孤立的一句話，那這位反對者是必死無疑的。然而愚蠢的國王沒有料到，要是判斷真話或假話的前提是指自己所說的話的意思，那麼情況將完全變了樣。聰明的反對者正是利用這點，讓自己獲釋。

親愛的讀者，你猜得到國王的反對者說了一句什麼樣的話嗎？可能你已經猜到了，也可能你還在思考。好！讓我告訴你，他所說的話是：「我將被絞死。」

對這句話，國王可以怎麼判斷呢？如果他斷言這句話是「真話」，那麼此時按規定，犯人應當處斬，然而犯人說的是自己「將被絞死」，因而顯然不能算是「真話」。又若國王判定此話為「假話」，那麼按說假話的規定，犯人將受絞刑，但犯人恰恰就是說自己「將被絞死」，這豈不表示他的話是真的嗎？可見也不能斷定為假話。

由於國王無法自圓其說，為了顧全自己的面子，只好緘默不言，讓犯人得到自由。

第二個從死亡線上生還的故事。

相傳古代有個王國，由於崇尚迷信，世代沿襲著一條奇特的法規：凡是死囚，在臨刑前都要抽一次「生死籤」。即在兩張小紙條上分別寫著「生」和「死」的字樣，由執法官監督，要死囚當眾抽籤。如果抽到「死」字的籤，就立即行刑；如果抽到「活」字的籤，則被認為這是神的旨意，應予以當場赦免。

有一次國王決定處死一名大臣，這名大臣因不滿國王的殘暴統治而替老百姓說了幾句公道話，為此國王震怒不已。他決心不讓這名勇於「犯上」的大臣得到半點獲赦的機會。於是，他與幾名心腹密謀暗議，終於想出了一條狠毒的計策：暗囑執法官，把「生死籤」的兩張籤紙都寫成「死」字。這樣，不管囚臣抽的是哪張籤，終難倖免於死。

世上沒有不透風的牆，國王的詭計最終被外人所察覺。許多知悉內情的官員，雖然十分同情這位正直的同僚，但懾於國王的淫威，也只是敢怒而不敢言。就這樣終於到了臨刑的前一天，一位好心的看守人員含蓄地對囚臣說：「你看看有什麼後事需要交代，我將盡力為你奔勞。」看守人員吞吞吐吐的神情，引起囚臣的懷疑，百問之下，他終於獲知陰謀的內幕。看守人員本以為囚臣會為此神情沮喪，有心好言相慰幾句，但見他陷入沉思，片刻後臉上煥發出興奮的光芒，這讓看守人員感到驚訝不已。

在國王看來，這個「離經叛道」的臣子「死」是必然事件，因為他們考量的前提條件是「兩死抽一」。然而聰明的囚臣，正是巧妙利用了這一點，而使自己獲赦的。

囚臣是怎麼死裡逃生的呢？

原來，當執法官宣布抽籤的方法後，但見囚臣以非常快的速度抽出一張籤，並迅速塞進嘴裡。待到執法官反應過來，咬爛的紙團早已被他吞下。執法官趕忙追問：「你抽到『死』字籤還是『生』字籤？」囚臣故作嘆息說：

「我聽從天意安排，如果上天認為我有罪，那麼這個咎由自取的苦果我已吞下，只要檢視剩下的籤是什麼字，就清楚了。」這時，在場的群眾異口同聲地贊成這個做法。

剩下的籤當然寫著「死」字，這意味著囚臣已經抽到「生」字籤。國王和執法官有苦難言，由於怕觸犯眾怒，只好當眾赦免囚臣。

本來，這位囚臣抽到「生」字籤還是「死」字籤是一個隨機事件，抽到每一種的可能性各占一半。但由於國王「機關算盡」，想把這種「有一半可能死」的隨機事件，變成「必定死」的必然事件，最終搬起石頭砸了自己的腳，反使囚臣因此得以死裡逃生。

三、

偶然中的必然

三、偶然中的必然

從表面上看，隨機現象的每一次觀察結果都是偶然的，但多次觀察某個隨機現象，則可能發現：在大量的偶然之中，存在著必然的規律。

就拿擲錢幣來說吧！一枚均勻的錢幣擲到桌上，出現正面還是反面，是無法預先斷定的。假如我們擲的錢幣不止一枚，或擲的次數不止一次，那麼出現正、反面的情況又將如何呢？這可是一個有趣的問題。

歷史上就有人做過成千上萬次投擲錢幣的試驗，表3.1 列出的是幾位知名人士的試驗紀錄。

表 3.1 投擲錢幣試驗紀錄

實驗人	投擲次數	出現正面	頻率 （正面出現次數／投擲次數）
德摩根	2,048	1,061	0.518
布豐	4,040	2,048	0.507
皮爾遜	12,000	6,019	0.502
皮爾遜	24,000	12,012	0.501

容易看出，投擲的次數越多，頻率越接近 0.5。這中間究竟有些什麼奧妙？第一個科學地指明其中規律的，是世界數學史上著名的白努利家族的雅各布．白努利（Jacob Bernoulli，1654 ～ 1705）。白努利家族是從荷蘭移居到瑞

士的新教徒。從 17 世紀末到 18 世紀，這個家族的三代人，出了 8 位傑出的數學家。雅各布是其中最負盛名的一位，他幾乎是靠自學成材的。他的名著《推測術》是機率論中的一座豐碑。書中證明了非常有意義的「大數法則」。這個法則說明：當試驗次數很大時，事件出現的頻率和機率有較大偏差的可能性很小，因此可用頻率來近似地代替機率。這個法則使白努利的名字永載史冊。

大數法則：當試驗次數很大時，隨機事件 A 出現的頻率，穩定地在某個數值 p 附近擺動。這個穩定值 p 叫做隨機事件 A 的機率，記為 P（A）＝ p。

頻率的穩定性可以從人類生育的統計中得到生動的例證。

一般人或許會認為，生男生女的可能性是相等的，因而推測男嬰和女嬰出生人數的比例應當是 1：1，但事實並非如此。

1814 年，法國著名的數學家拉普拉斯（Pierre Laplace，1749 ～ 1827）在他的新作《機率的哲學探討》一書中，記載了以下有趣的統計。他根據倫敦、聖彼得堡、柏林和全法國的統計數據，得出幾乎完全一致的「男嬰出生人數與女嬰出生人數的比值為 22：21」，即在全體出生嬰兒中，男嬰占 51.16%，女嬰占 48.84%。但奇怪的是，

當他統計 1745 ～ 1784 年整整 40 年間，巴黎男嬰的出生率時，卻得到了另一個比值 25：24，即在全體出生嬰兒中，男嬰占 51.02%，與前者相差 0.14%。

0.14%的微小差異！拉普拉斯對此感到困惑不解，他深信自然的規律，他覺得在這 0.14%的後面，一定有特別的原因。於是，拉普拉斯進行了深入的調查研究，最終發現當時的巴黎人「重女輕男」，有拋棄男嬰的陋俗，以致歪曲了出生率的真相。經過修正，巴黎男嬰、女嬰出生的機率依然是：

P（男）＝ 0.512

P（女）＝ 0.488

原來，人類體細胞中含有 46 條染色體。這 46 條染色體都是成對存在的，分為兩套，每套中位置相同的染色體具有相同的功能，共同控制人體的一種性狀。第 23 對染色體是專司性別的，這一對因男女而異：女性的這一對都是 X 染色體；男性的這一對中一條是 X 染色體，另一條是 Y 染色體。由於性細胞的染色體都只有單套，所以男性的精子有兩種，一種含 X 染色體，另一種含 Y 染色體；而女性的卵子，則全部含 X 染色體。生男生女取決於含

X 染色體和 Y 染色體的兩種精子與卵子的結合。如果帶 Y 染色體的精子與卵子結合，則生男；如果帶 X 染色體的精子與卵子結合，則生女。大概是因為含 X 染色體的精子與含 Y 染色體的精子之間存在某種差異吧！這使它們進入卵子的機會不盡相同，從而造成男嬰和女嬰出生率的不相等！生物學家應當感謝數學家發現了這個問題。

以上事實顯示：在大量紛紜雜亂的偶然現象背後，往往隱藏著必然的規律。「頻率的穩定性」就是這種偶然中的一種必然。

四、

威廉・向克斯的憾事

四、威廉・向克斯的憾事

圓周率π是圓周長與直徑的比值。一部計算圓周率的歷史，被譽為人類「文明的象徵」。西元前3世紀，古希臘著名學者阿基米德（Archimedes，西元前287～前212）首先在完全科學的基礎上，計算出$\pi \approx 3.14$。263年前後，魏晉時期的數學家劉徽，利用割圓術計算出圓內接正3,072邊形的面積，求得$\pi \approx \frac{3927}{1250} = 3.1416$。

又過了約兩百年，南北朝時期的傑出數學家祖沖之（429～500）用至今人們還不清楚的方法，確定了π的真值在3.1415926與3.1415927之間。祖沖之獲得這個光輝的成果，要比西方數學家早大約1,000年。

祖沖之之後第一個做出重大突破的，是阿拉伯數學家阿爾·卡西（1380～1450），他計算了圓內接和外切正805,306,368（3×2^{28}）邊形的周長後，得出$\pi \approx 3.1415926535897932$。

1610年，德國人范科伊倫（Ludolph van Ceulen，1540～1610）把π算到了小數點後35位。後來，紀錄一個接一個地被重新整理：1706年，π的計算越過了百位大關，1842年達到200位，1854年突破400位……

1872年，英國學者威廉·向克斯（William Hianx，1812～1882）把π的值算到了小數點後707位。為此，他花費了整整20個年頭。向克斯去世後，人們在他的墓碑上刻下他一生心血的結晶——π的707位小數。此後50多年，人們對向克斯的計算結果深信不疑，導致在1937年巴黎博覽會發現館的天井裡，依然顯赫地刻著向克斯的π值。

又過了若干年，數學家法格遜對向克斯的計算結果產生懷疑，法格遜的疑問是基於以下奇特的想法：在π的數值式中，大概不會對一、兩個數值有所偏愛。也就是說，各數值出現的機率都應當等於$\frac{1}{10}$。於是，他檢查了向克斯π的前608位小數中各數值出現的情況，統計結果如表4.1所示。

表4.1 向克斯計算出π的前608位小數中各數值的出現頻率

數值	出現次數	出現頻率	與設想頻率相差
0	60	0.099	− 0.001
1	62	0.102	+ 0.002
2	67	0.11	+ 0.010
3	68	0.112	+ 0.012
4	64	0.105	+ 0.005
5	56	0.092	− 0.008
6	62	0.102	+ 0.002
7	44	0.072	− 0.028
8	58	0.095	− 0.005
9	67	0.11	+ 0.010
	608	1.000	

法格遜覺得，向克斯計算的π中，各數值出現次數過於參差不齊，可能是因為計算有錯。於是，他下定決心，用當時最先進的計算工具，從1944年5月～1945年5月，整整算了一年，終於發現，向克斯π的707位小數中，只有前527位是正確的。由於當初向克斯沒有發現，結果白白浪費了許多年的光陰去計算後面錯誤的數，這真是一件憾事。

值得一提的是，法格遜的成就是基於他的一個猜想——即在π的數值中，各數出現的機率相等。儘管這個猜想曾讓法格遜發現並糾正了向克斯的錯誤，然而猜想畢竟不等於事實！法格遜想驗證它，卻無能為力，人們想驗證它，又苦於已知π的位數太少。

但是情況很快有了轉機。隨著電腦的出現和應用，計算π的值有了飛速的進展。1961年，美國學者丹尼爾和倫奇把π算到小數點後100,265位，20年後，日本人又把紀錄推過2,000,000位大關（最新紀錄是：2019年3月14日，Google宣布已將π計算到小數點後3.14×10^{13}位）。於是，人們的心中又重新燃起了驗證法格遜猜想的希望之火。1973年，法國學者讓．蓋尤與他的助手合作，對π的前100萬位小數中各數值出現的頻率進行了統計，得出以下結果（表4.2）。

表 4.2 π 的前 100 萬位小數中各數值的出現頻率

數值	出現次數	出現頻率
0	99,959	0.1000
1	99,758	0.0998
2	100,026	0.1000
3	100,229	0.1002
4	100,230	0.1002
5	100,359	0.1003
6	99,548	0.0995
7	99,800	0.0998
8	99,985	0.1000
9	100,106	0.1001
	1,000,000	1.0000

從表 4.2 可以看出，儘管各數值的出現頻率存在某種波動，但基本上平分秋色。看來，法格遜的想法應當是正確的！在 π 的數值展開式中，有

$$P(0)=P(1)=P(2)=\cdots\cdots=P(9)=0.1$$

五、

勒格讓先生的破譯術

在美國著名作家埃德加·愛倫·坡（Edgar Allan Poe，1809～1849）的小說《金甲蟲》（*The Gold-Bug*）中，有這麼一位勒格讓先生。一天，當他沿著一片荒涼的海灘散步時，偶然發現一張埋在溼沙裡的羊皮紙。他把這張羊皮紙帶回家裡。當他坐在火爐旁烤火時，一件奇蹟發生了！原本毫不起眼的羊皮紙，在火的烘烤下，竟神奇般地顯現出一些清晰可辨的紅色符號。

符號裡有一個人頭骨，這是海盜的標記。還有一個山羊頭，由於英語中的山羊 Kid 與基德 Kidd 音形均接近，顯示這張紙是著名海盜基德船長的手稿。紙上的祕密符號，無疑是基德船長用來記錄自己在何處埋藏的一批珍寶。

勒格讓先生為自己的發現欣喜若狂。他想，要是能弄清楚基德船長手稿上各種符號的祕密，就會得到一筆意外的財產。於是，他立即著手破解手稿上的密碼。起初，任憑勒格讓先生絞盡腦汁，百般嘗試，卻總是收效甚微。最後，他想到了機率論。他首先注意到在基德的手稿中，8 字出現最多，居然有 33 次。另外他也了解到，在當時一般的英文書籍中，字母 e 出現的次數遙遙領先，其餘字母，按出現機率的大小，依次是

a，o，i，d，h，n，r，s，t，u，y，c，f，g，l，m，w，b，k，p，q，x

勒格讓想，莫非 8 就是 e？他為自己的大膽猜想所鼓舞，連忙照同樣的方法，列出手稿中各種記號出現的頻率順序表，並把它與上面說的英文字母出現的機率順序相比較，如表 5.1 所示。

表 5.1 比較表

符號	出現次數	按機率順序排列
8	33	e
;	26	a
4	19	o
)	16	i
≠	15	d
*	14	h
5	12	n
6	11	r
(	10	s
1	8	t
f	8	u
0	6	y
9	5	c
2	5	f

3	4	g
:	4	l
?	3	m
π	2	w
-	1	b
—	1	k
	203	

然而這樣一來，基德船長的手稿成了

ngddugyniirhaoefrio…⋯

什麼意思也沒有表達！

這是怎麼回事？莫非基德船長這個老滑頭詭計多端，採用了其他的密碼編製法？根本不是！原因只是手稿中符號字數太少，總共只有 203 個，導致大數定律在這裡產生不了作用。如果基德船長把珍寶用一種更為複雜的方法藏起來，然後用好幾頁紙、甚至一本書來寫出密碼，那麼勒格讓先生的破譯術將會有更大的成功把握！

當然，勒格讓先生走出的第一步是至關重要的，因為字母出現的機率最大這件事，也只是一種大概，而不是肯定。如果基德船長手稿中出現最多的 8 不是 e 的話，那麼愛倫·坡先生的小說情節，大概要重新寫過。好在作家筆下的勒格讓先生，還算是一個有頭腦的人物，他注意到了短短的手稿中，居然出現了 5 次 88，於是聯想起英語字母 e 經常雙寫，如 bee、meet、speed、agree、tree 等，這使他進一步相信 8 就是 e。

不僅如此，勒格讓先生的成功，還在於他的科學推理。例如，他注意到 203 字的手稿中，竟出現 7 個「;48」，他覺得一段英語文字是不可能不出現定冠詞 the 的，再加上 8 就是 e 的設想，自然就有

$$
\begin{gathered}
; \to t \\
4 \to h \\
8 \to e
\end{gathered}
$$

讀者可以仿照勒格讓先生的推理，去破解基德船長手稿中的祕密。例如，由雙母音 ee（即符號 88）的連寫，找到突破口，從文中

;48;(88 → thet □ ee

考量到財富的存放地，通常會有樹木做標誌，這樣所空的字母判斷為 r，就理所當然了。於是，我們又有

$$(\to r$$

我們還可以想像到，要準確描述一個位置，常常會涉及尺寸，因此手稿中出現 feet 一詞大概也是讀者所期望的，但這只有在手稿的最後一行才能找到，那裡有「188;」，後 3 個符號已經知道是 eet，因此，應當推測有

l→f

又注意到在 feet 前面，通常會有一個數詞，但它前面的符號是

l6l;:

其中已有 3 個符號被判明：

f □ ft □

如此格式的數詞只能是 fifty，於是又推出

6→i

:→y

讀者需要做的破譯工作還有很多很多，這將是一項艱鉅而有趣的工作。不過，我們這裡要告訴讀者的是，勒格讓先生的破譯結果，見表 5.2。

表 5.2 破譯結果

符號	出現次數	實際代入的字母
8	33	e
;	26	t
4	19	h
)	16	s
≠	13	o
*	14	n
5	12	a
6	11	i
(	10	r
1	8	f
f	8	d
0	6	l
9	5	m
2	5	b
3	4	g
:	4	y
?	3	u
π	2	v
-	1	c
—	1	p
	203	

於是，基德船長的手稿，恢復成英文的面目是：

"A good glass in the biship's hostel in the devil's seat.

Forty-one degrees and thirteen minutes northeast ane by north.

Main branch seventh limb east side

Shoot from the left eye of the death's head.

A beeline from the tree through the shot fifty feet out."

這段文字的中文意思是：「在主教驛站裡魔鬼像座位下有面好鏡子。東北偏北 41 度 13 分。主幹上朝東的第 7 根樹枝。從骷髏的左眼開一槍。從那棵樹沿子彈方向走 50 英尺。」

六、

布豐的投針試驗

1777 年的一天，法國科學家布豐（Buffon，1707 ～ 1788）的家裡賓客滿堂，原來他們是應主人的邀請前來觀看一次奇特試驗的。

試驗開始，但見年已古稀的布豐先生興致勃勃地拿出一張紙來，紙上預先畫好了一條條等距離的平行線。接著他又抓出一大把原先準備好的小針，這些小針的長度都是平行線間距離的一半。然後布豐先生宣布：「請諸位把這些小針一根一根往紙上扔吧！不過，請大家務必告訴我，扔下的針是否與紙上的平行線相交。」

客人們不知布豐先生要玩什麼遊戲，只好客隨主便，一個個加入試驗的行列。一把小針扔完了，把它撿起來又扔。而布豐先生本人則不停地在一旁數著、記著，如此這般地忙碌了將近一個小時。最後，布豐先生高聲宣布：「先生們，我這裡記錄了諸位剛才的投針結果，共投針 2,212 次，其中與平行線相交的有 704 次。」

「總數 2,212 與相交數 704 的比值為 3.142。」說到這裡，布豐先生故意停了停，並對大家報以神祕的一笑，接著有意提高聲調說：「先生們，這就是圓周率 π 的近似值！」

眾客譁然，一時議論紛紛，大家全部感到莫名其妙。

「圓周率 π ？這可與剛才的遊戲一點也沾不上邊呀！」

布豐先生似乎猜透了大家的心思，得意揚揚地解釋道：「諸位，這裡用的是機率的原理，如果大家有耐心的話，再增加投針的次數，還可以得到 π 更精確的近似值。不過，想弄清楚其間的道理，只好請大家去看敝人的新作了。」說著，布豐先生舉了舉自己手上的一本《機率性算術試驗》。

π 在這種紛紜雜亂的場合出現，實在是出乎人們的意料，然而它卻是千真萬確的事實。由於投針試驗的問題是布豐先生最先提出的，所以數學史上就稱它為布豐問題。布豐得出的一般結果是：如果紙上兩平行線間相距為 d，小針長為 l，投針的次數為 n，所投的針當中，與平行線相交的次數為 m，那麼當 n 相當大時，有

$$\pi \approx \frac{2ln}{dm}$$

在上面故事中，針長 l 恰等於平行線間距離 d 的一半，所以代入上面公式簡化得

$$\pi \approx \frac{n}{m}$$

值得一提的是，後來有不少人步布豐先生的後塵，用同樣的方法，但取不相同的 l：d 值來計算 π。如 1850

年的沃爾夫（Wolf）試驗，他取 l：d ＝ 0.8，每次投針 5,000 次，平均相交數為 2,532 次，算得 π ＝ 3.1596；又如 1884 年的福克斯（Fox）試驗，他取 l：d ＝ 0.75，每次投針 1,030 次，平均相交數為 489 次，算得 π ＝ 3.1595；再如 1925 年的雷娜（Reina）試驗，她在平行線間距為 1 的紙上，取平均針長為 0.5419，每次投針 2,520 次，平均相交數為 859 次，算得 π ＝ 3.1795……不過，其中最為神奇的，要算是義大利數學家拉扎里尼（Lazzerini）。他在 1901 年宣稱進行了多次的投針試驗，取 l ＝ d，每次投針數為 3,408 次，平均相交數為 2,169.6 次，代入布豐公式，求得 π ≈ 3.1415929。這與 π 的精確值相比，一直到小數點後第 7 位才出現不同！用如此巧妙的方法，得到如此高精密度的 π 值，這真是天工造物！

不過，對於拉扎里尼的結果，人們一向非議頗多。如著名的美國韋伯州立大學的巴傑教授，對此就甚是不以為然！究其原因，也不能說不無道理，因為在數學中最接近 π 真值的、分母較小的幾個分數是：

$$\frac{22}{7} \approx 3.14$$

$$\frac{333}{106} \approx 3.1415$$

$$\frac{355}{113} \approx 3.141\,592\,9$$

$$\frac{103\,993}{33\,102} \approx 3.141\,592\,653$$

而拉扎里尼居然投出了和$\frac{355}{113}$一樣的結果，對於萬次之內的投擲，幾乎不可能有更好的結果了。難怪有不少人提出懷疑：「有這麼巧嗎？」但多數人鑑於拉扎里尼一生勤勉謹慎，認為他的確「碰到好運氣」。事實究竟如何，現在也無從查考了！

我想，喜歡思考的讀者，一定還想知道布豐先生投針試驗的原理，其實這也沒什麼神祕的，下面就是一個簡單而巧妙的證明。

找一根鐵絲，彎成一個圓圈，使其直徑恰恰等於平行線間的距離 d。可以想像得到，對這樣的圓圈來說，不管怎麼扔，都將和平行線有兩個交點。因此，如果圓圈扔下的次數為 n 次，那麼相交的交點總數必為 2n。

現在設想把圓圈拉直，變成一條長為 πd 的鐵絲。顯然，這樣的鐵絲扔下時，與平行線相交的情形，要比圓圈複雜些，可能有 4 個交點、3 個交點、2 個交點、1 個交點，甚至於都不相交。

由於圓圈和直線的長度同為 πd，根據機會均等的原理，當它們投擲次數較多，且投擲次數相等時，兩者與平行線組交點的總數可能也是一樣的。這就是說，當長為 πd 的鐵絲扔 n 次時，與平行線相交的交點總數應大致為 2n。

現在轉而討論鐵絲長為 l 的情形。當投擲次數 n 增大時，這種鐵絲跟平行線相交的交點總數 m 應當與長度 l 成正比，因而有 m = kl，式中 k 是比例係數。

為了求出 k 來，只需注意到，對 l = πd 的特殊情形，有 m = 2n。於是求得 $k=\frac{2n}{\pi d}$。代入前式就有

$$m \approx \frac{2ln}{\pi d}$$

從而

$$\pi \approx \frac{2ln}{dm}$$

這就是著名的布豐公式！

利用布豐公式，我們還可以設計出求$\sqrt{2}$、$\sqrt{3}$、$\sqrt{5}$等數的近似值的投針試驗呢！親愛的讀者，難道你不想試試看嗎？這只需把l/d選的等於你要求的那個數就行，不過這時的π要當成已知的。

看！多麼奇妙的機率！

七、

一場關於投擲骰子的爭論

七、一場關於投擲骰子的爭論

這是一場有趣的爭論。

一個星期天的下午，小聰正在用兩個骰子做投擲遊戲。小聰是個喜歡動手動腦的孩子，他想摸索出一套有關投擲點數的規律。大家知道，骰子是一個六面分別刻有⚀、⚁、⚂、⚃、⚄、⚅點樣的小正方體。兩個骰子最多可以擲出「12 點」。小聰不斷地試驗著，扔了一次又一次，並把結果記了下來。他發現要扔到「12 點」實在是太難了，有將近一半的時候，都是扔到「6 點」、「7 點」、「8 點」。

這時小明從外面急匆匆走進來，他想邀小聰去打球。小明是小聰的好朋友，平時頭腦反應敏捷，喜歡出一些別人意想不到的點子。

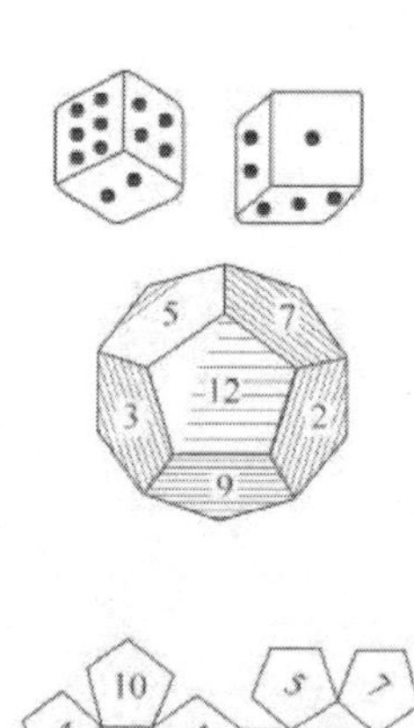

他看到小聰在不停地擲骰子，便不加思索地說：「好啦！明天我做一個大骰子讓你慢慢扔，怎麼樣？還不比你一次用兩個小骰子強！」

「一個大骰子？」小聰一時不懂小明的意思。

「用正十二面體，各面標上數字 1 到 12 不就得啦！」小明得意洋洋地解釋。

「這樣的大骰子替代得了兩個小骰子嗎？」小聰陷入深思。他總感覺小明的主意有點不對勁，但一時又找不出什麼理由。

「怎麼不行！」小明急忙解釋，「正十二面體，各面機會均等，每個數字扔到的可能性都是 1/12。」

小明的話讓小聰突然覺得眼前一亮，他想到了一個很重要的論據，反問道：

「數字 1，你的大骰子可以扔出數字 1，我的兩個小骰子能扔出『1 點』嗎？」

小明語塞。但他很快又想出新的話題：

「我們可以改做一個正十一面體？各面從數字 2 編到 12 ？」

「我看過一本書，書上說正多面體只有 5 種。」小聰很認真地繼續說：「除了正方體和正十二面體外，另外 3

種是正四面體、正八面體和正二十面體。根本不可能有你說的正十一面體！」

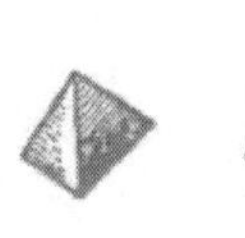

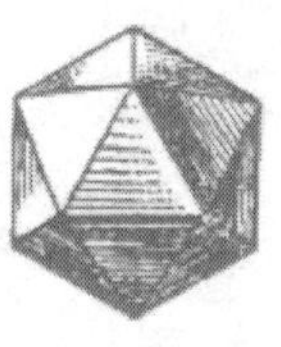

（正四面體）（正八面體）（正二十面體）

小聰的話是對的，看來他的知識似乎比小明更廣一些。

這場關於投擲骰子的有趣爭論，自然以小明認輸而告終。但小明的輸，主要還不在於正十一面體不存在，而在於兩個小骰子扔出的各種點數的機會並不均等。小聰已經從自己的試驗中隱隱約約察覺到這一點，只是還沒有來得及深入探討下去。這正是我們下面需要繼續的工作。

大家知道，擲一個骰子，點數有 6 種可能；而擲兩個骰子時，由於對第一個骰子的每種點數，都可以搭配第二個骰子的 6 種點數，因此共有 $6 \times 6 = 36$ 種的搭配可能。很明顯，這 36 種點數搭配都是機會均等的，也就是每種搭配的機率都是 $\frac{1}{36}$。但一種點數的出現，往往不止有一種搭配的方式，而可能有「若干」種搭配的方法，因此這種點數出現的機率，就應當等於 $\frac{1}{36}$ 的若干倍。為了進一步弄清楚各種點數的搭配規律，我們列出表 7.1 進行觀察。

表 7.1 點數搭配情況表

出現點數	搭配情況	搭配數	搭配數
2	(⚀/⚀)	1	$\frac{1}{36}$
3	(⚀/⚁)(⚁/⚀)	2	$\frac{2}{36}=\frac{1}{18}$
4	(⚀/⚂)(⚁/⚁)(⚂/⚀)	3	$\frac{3}{36}=\frac{1}{12}$
5	(⚀/⚃)(⚁/⚂)(⚂/⚁)(⚃/⚀)	4	$\frac{4}{36}=\frac{1}{9}$
6	(⚀/⚄)(⚁/⚃)(⚂/⚂)(⚃/⚁)(⚄/⚀)	5	$\frac{5}{36}$
7	(⚀/⚅)(⚁/⚄)(⚂/⚃)(⚃/⚂)(⚄/⚁)(⚅/⚀)	6	$\frac{6}{36}=\frac{1}{6}$
8	(⚁/⚅)(⚂/⚄)(⚃/⚃)(⚄/⚂)(⚅/⚁)	5	$\frac{5}{36}$
9	(⚂/⚅)(⚃/⚄)(⚄/⚃)(⚅/⚂)	4	$\frac{4}{36}=\frac{1}{9}$
10	(⚃/⚅)(⚄/⚄)(⚅/⚃)	3	$\frac{3}{36}=\frac{1}{12}$
11	(⚄/⚅)(⚅/⚄)	2	$\frac{2}{36}=\frac{1}{18}$
12	(⚅/⚅)	1	$\frac{1}{36}$
總計		36	1

從表 7.1 可以看出，出現「6 點」、「7 點」、「8 點」3 種點數的機率為 $P(6)+P(7)+P(8)=\frac{5}{36}+\frac{6}{36}+\frac{5}{36}=\frac{4}{9}$，幾乎占了所有可能情況的一半。而出現「2 點」或「12 點」的機率，各都只有$\frac{1}{36}$，因而「2 點」或「12 點」是

非常不容易出現的。這跟小聰在試驗中觀察到的結果是一致的。上面的結論意味著，即使存在正十一面體，這場爭論，小明也是注定會失敗的。

八、

求π的「魔法」

如果你對布豐先生用投針來求圓周率 π 覺得疑惑不解，那麼，以下這個近乎「魔術」般的求 π 方法，一定會讓你感到震驚！

大約在 1904 年，R. 查爾特勒斯（R. Chartres）做了下面的試驗：他請 50 名學生每人隨機寫出 5 對正整數。在所得到的 250 對正整數中，他檢查了互質的數目有 154 對，得到機率是 $\frac{154}{250}$。而理論上，兩個隨機正整數互質的機率為 $\frac{6}{\pi^2}$，代入計算得

$$\pi \approx \sqrt{6 \times \frac{250}{154}} = 3.12$$

這實在過於出人意料！隨機寫下的正整數，竟會與圓周率 π 相關。須知，在整個實驗中，那些有頭腦的學生，他們對數字的書寫完全是隨心所欲的。大家根本不知道寫下這些數究竟要做什麼，甚至認為是一種滑稽的遊戲而不屑一顧。然而，當他們知道自己正在實際地確定 π 值時，該是何等驚訝和震撼啊！

要嚴格證明兩個隨機選取的自然數，它們互質的機率為 $\frac{6}{\pi^2}$，需要用到超出國中範圍的數學知識，而且目前我們也還沒找到像布豐公式那樣簡單而巧妙的證明。但是 π 竟然在這種場合出現，這個疑慮和迷惑，當你看完下面的類

似例子之後，將會一併消除。

隨機寫出兩個小於 1 的正數 x 和 y，它們與數 1 在一起，正好構成一個銳角三角形三邊邊長的機率為 $1-\frac{\pi}{4}$。

這個例子的結構和前面查爾特勒斯的試驗極其類似。然而，它的證明卻無須動用很多知識，亦不用花費很大的力氣。

事實上，由於 x 和 y 都是在 0 與 1 之間隨機選取的，所以點（x，y）均勻地分布在單位正方形 I 的內部（圖 8.1）。如果符合條件的點落在陰影區域 G 上，那麼，根據機會均等的原則，所求的機率應為

$$p=\frac{G\text{ 的面積}}{I\text{ 的面積}}$$

現在假設以 x，y，1 為三邊的三角形是△ ABC（圖 8.2），其中∠ C 對應最大的邊 1。為使 x，y，1 能構成任何種類的三角形，注意到 x，y 為小於 1 的正數的限制，知

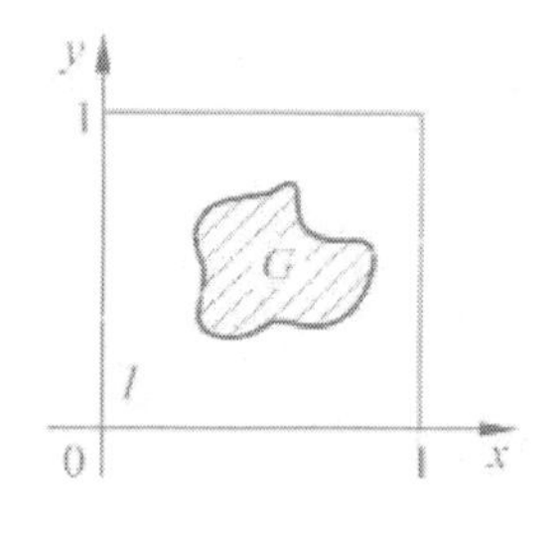

圖 8.1

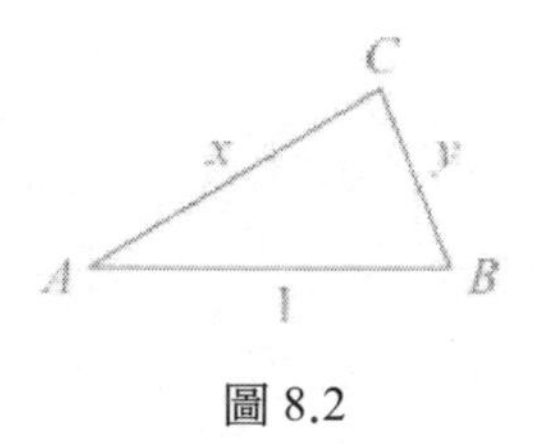

圖 8.2

$x + y > 1$

又∠ C 為銳角，應用餘弦定理可得

$$1^2 = x^2 + y^2 - 2xy\cos\angle C < x^2 + y^2$$

滿足上面兩式，且在單位正方形 I 內的區域，即圖 8.3 陰影區域 G。G 的曲邊周界，是以原點為中心、1 為半徑的 1/4 圓周。由於 G 的面積為

$$S_G = S_I - \frac{1}{4}S_{\odot} = 1 - \frac{\pi}{4}$$

這就證明了所述問題的機率為

$$p = \frac{S_G}{S_I} = \frac{1 - \frac{\pi}{4}}{1} = 1 - \frac{\pi}{4}$$

看！π 的確出乎意料地出現在隨機寫數的場合中，這是多麼神奇，多麼超乎想像啊！

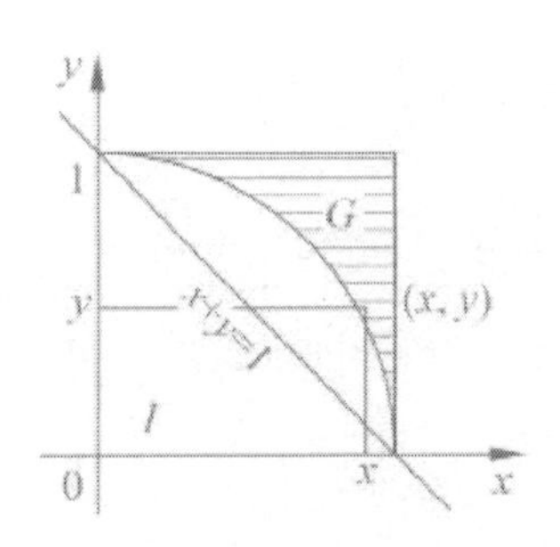

圖 8.3

有了上面的結果，讀者便可以仿效查爾特勒斯去設計自己的實驗了。設想，你請來許多同學和朋友（人越多越好），或在某次集會之後，宣布由你主持表演「科學魔術」。表演時，請大家各自隨意寫下兩個小於 1 的正數。順便請他們各自檢查一下，所寫的兩數與 1 是否是一個銳角三角形的三邊邊長。身為主角的你，只需將每人報告「能」或「不能」構成銳角三角形的三邊邊長的結論記錄下來就可以了。倘若有 n 個人說「能」，而有 m 個人說「不能」，那麼根據公式

$$\frac{n}{n+m} \approx 1-\frac{\pi}{4}$$

算得

$$\pi \approx 4 \cdot \left(1-\frac{n}{n+m}\right)=\frac{4m}{n+m}$$

你可以當眾宣布這個驚人的結果！不過，我得提醒你，到時可能會有一場不小的轟動，你要有向大家做解釋的準備。

九、

「臭皮匠」與「諸葛亮」

常言道「三個臭皮匠，勝過一個諸葛亮」。這是對「人多方法多」、「人多智慧高」的一種讚譽。但是，當你得知這個富有哲理的話語，可以用機率的理論，定量地加以證明時，你一定會對此深感意外！

為了讓你確信這一點，我們先介紹兩個事件的獨立性概念：如果一個事件的出現，與另一個事件的出現無關，我們就說這兩個事件是互相獨立的。例如，甲的思維與乙的思維，只要沒有預先商討過，便是獨立的；又如，某地有人罹患肺炎與砂眼，這兩件事是互相獨立的；再如，兩次射擊，第一次射擊命中與第二次射擊命中，也是互相獨立的。假設我們用 AB 表示事件 A 與事件 B 同時發生，那麼，當事件 A 與事件 B 互相獨立時，我們有

$$P(AB)=P(A)\cdot P(B)$$

事實上，上面這個結論可以從圖 9.1 直觀地反映出來。

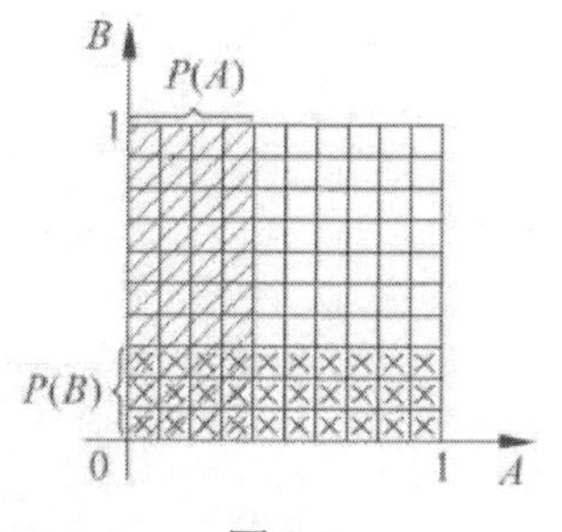

圖 9.1

對於 3 個以上的互相獨立事件，類似地，我們有

P（AB……C）＝P（A)·P（B)……… P（C）

現在回到「三個臭皮匠」的問題。假定「臭皮匠」A 獨立解決問題的可能性為 P（A）；「臭皮匠」B 獨立解決問題的可能性為 P（B）；「臭皮匠」C 獨立解決問題的可能性為 P（C）。

如果「臭皮匠」只有兩個，那麼某個問題能被兩者之一解決的可能性有多大呢？

讓我們仍從圖形的分析開始吧！為方便起見，圖 9.2 中，我們用陰影區域的面積表示相應事件的機率，如圖所示。那麼，從（a)、(b）兩圖，我們立即可看到 P（A 或 B）＝P（A）＋P（B）－P（AB）

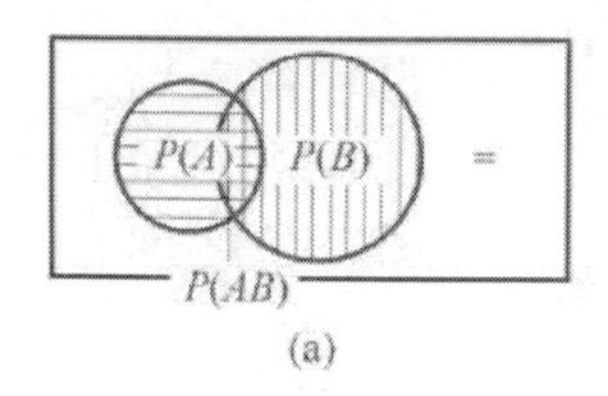

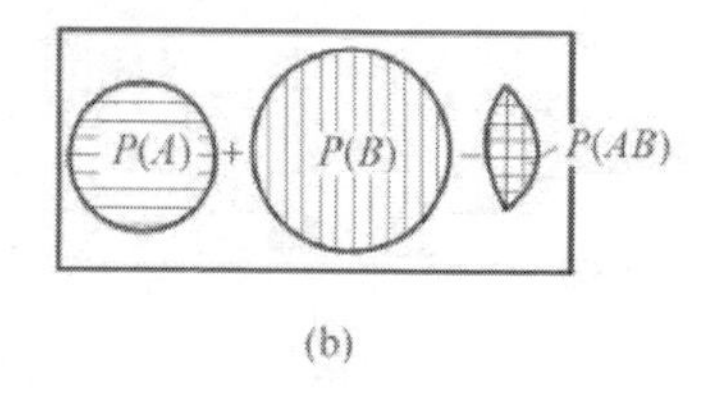

圖 9.2

「臭皮匠」們對問題的思考是各自獨立的。這樣，我們又有

P（A 或 B）＝P（A）＋P（B）－P（A)·P（B）

重複使用上面的公式，能夠得到一個問題被三個「臭皮匠」之一解決的可能性大小的計算式：

$$P(A\text{或}B\text{或}C)$$
$$=P(A)+P(B)+P(C)-P(A)P(B)-P(B)P(C)-P(C)P(A)+P(A)P(B)P(C)$$

例如，$P(A)=0.45$，$P(B)=0.55$，$P(C)=0.60$，即三人的解題可能性都大概只有一半，但當他們全部解題時，能被三人之一解出的可能性為

$$P(A\text{或}B\text{或}C)$$
$$=0.45+0.55+0.60-0.45\times0.55-0.55\times0.60-0.60\times0.45+0.45\times0.55\times0.60$$
$$=0.901$$

看！三個並不聰明的「臭皮匠」，居然能夠解出 90% 以上的問題，聰明的「諸葛亮」也不過如此！

以上我們是從「臭皮匠」們解題的可能性來分析的。其實，如果從他們不能解決問題的角度來分析，所得的結果將更簡潔、更精闢。事實上，如果一個事件出現的機率為 P，那麼該事件不出現的機率必定為 $1-P$。這樣，三

個「臭皮匠」同時不能解決問題的機率為 [1 － P（A）][1 － P（B）][1 － P（C）]。把全部可能的 1，減去同時不能解決問題的可能性，當然就得到三者至少有一人解決問題的可能性，即

$$P(A 或 B 或 C) = 1 - [1 - P(A)] \cdot [1 - P(B)] \cdot [1 - P(C)]$$

上式展開的結果跟前面的公式是一樣的，但保留上面算式在計算上要簡單得多。具體可得：

$$P(A 或 B 或 C) = 1 - (1 - 0.45) \times (1 - 0.55) \times (1 - 0.60) = 1 - 0.55 \times 0.45 \times 0.40 = 0.901$$

又當「臭皮匠」人數增加時，前一種演算法將非常繁雜，而後一種演算法無須變動、依然適用。例如，10 個剛參加軍訓的學生，每人單獨射擊擊中目標的命中率都只有 0.3，這樣的命中率應該算是很低的了。但若他們朝同一個目標射擊，那麼根據上面的式子，目標被擊中的機率為

$$p = 1 - (0.7)^{10} \approx 0.97$$

也就是說，目標是幾乎會被擊中的。可見人多不僅智慧高，而且力量也大。「三個臭皮匠，勝過一個諸葛亮」，所言並不過分。

十、

機會均等與妙算機率

透過大量的重複試驗，得到統計頻率的穩定值，這無疑是求事件機率的最一般方法。然而，在前面幾個故事中，我們已經看到，機會均等原則在機率計算中是多麼有用！

但是，現實中並非所有情況都是均等可能的。像考試得分、打靶中環等機會不均等的例子，比比皆是。下面也是一個典型的例子。直接觀察得：

$2^1=2$ 是以數字 2 開頭的；

$2^2=4$ 是以數字 4 開頭的；

$2^3=8$ 是以數字 8 開頭的；

$2^4=16$ 是以數字 1 開頭的；

$2^5=32$ 是以數字 3 開頭的；

$2^6=64$ 是以數字 6 開頭的；

$2^7=128$ 是以數字 1 開頭的；

$2^8=256$ 是以數字 2 開頭的；

$2^9=512$ 是以數字 5 開頭的；

$2^{10}=1,024$ 是以數字 1 開頭的……

如此等等。讀者可能猜得到，2 的整次冪中，開頭一位數字的出現並不是均等可能的。事實上，以 7 為開頭的，要到 2^{46} 才出現；以 9 為開頭的，要到 2^{53} 才出現。這樣看來，似乎要求出數字 n 作為 2 的整次冪開頭的機率 P （n），除大量試驗統計外，別無他法。其實不然，我們仍可以巧妙地利用「均等可能性」加以計算。為此，令 $S_K = 2^K$（K 為自然數），則

$$(\lg 2)\cdot K = \lg S_K$$

由於 lg2 是一個無理數，因此所有 lgSK 的小數部分，均勻分布在 0 ～ 1。即 lgSK 的對數尾數在 0 ～ 1 出現是均等可能的。（這裡需要讀者仔細思考一下為什麼。）

注意到 SK 若以數字 1 開頭，則其對數尾數必在 lg1 ～ lg2；若 SK 以數字 2 開頭，則其對數尾數必在 lg2 ～ lg3……根據機會均等原則，在 2^K 中，各數字開頭的機率為：

$$P(1) = \lg 2 - \lg 1 = 0.3010$$
$$P(2) = \lg 3 - \lg 2 = 0.1761$$
$$P(3) = \lg 4 - \lg 3 = 0.1249$$
$$P(4) = \lg 5 - \lg 4 = 0.0969$$
$$P(5) = \lg 6 - \lg 5 = 0.0792$$
$$\vdots$$
$$P(9) = \lg 10 - \lg 9 = 0.0458$$

實際統計 2 的前 332 次冪，得出以下試驗結果（表 10.1）。

表 10.1 2 的前 332 次冪開頭數字情況

2K 開頭數字	出現次數	出現頻率	理論推算值
1	99	29.8%	30.1%
2	60	18.1%	17.6%
3	40	12.1%	12.5%
4	33	9.9%	9.7%
5	27	8.1%	7.9%
6	23	6.9%	6.7%
7	17	5.1%	5.8%
8	19	5.7%	5.1%
9	14	4.2%	4.6%
	332		100.0%

可以看到，理論計算與試驗結論是相當吻合的。

以上例子顯示，用機會均等原則，關鍵要用得巧。平面的情形也類似。常見到一些小朋友玩投幣遊戲：在地上畫一個能容 4 枚硬幣的方框，參加者取一枚硬幣，在距方框 30 公分高處，瞄準方框投入。若硬幣落入框中，則得 2 分；若壓框邊，則得－ 1 分；若硬幣中心落方框外則不計，重新投。每人投 20 次，總計得正分者勝。

嚴格來說，遊戲中瞄準方框投的硬幣，落在平面上各點的可能性是不均等的。但由於投幣點較遠，且方框不大，所以投的硬幣落在方框周圍，可以近似地認為是等機率的。由於要使硬幣落入框內，必須使幣心 O 落在圖 10.1 的陰影小正方形內，因而硬幣落入框內的機率為

$$p=\frac{\text{陰影小正方形面積}}{\text{大正方形面積}}$$

$$=\frac{(2r)^2}{(4r)^2}=\frac{1}{4}$$

所以，儘管落入框內一次得 2 分，但得負分的機會幾乎要大 3 倍，因此這個遊戲獲勝的希望是很小的。

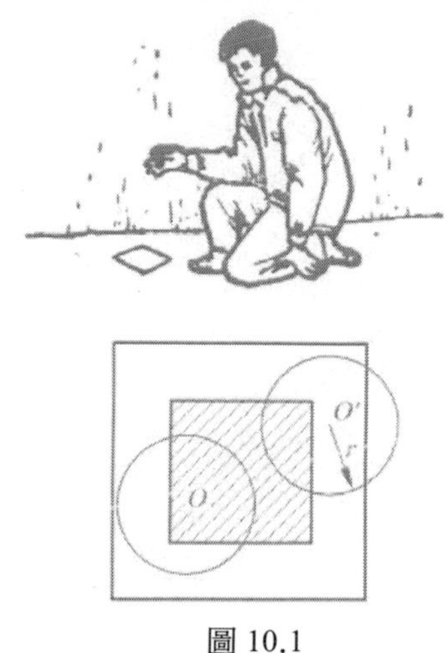

圖 10.1

利用機會均等原理，最為簡單和動人的例子，莫過於以下的相遇問題：兩人相約在 0 ～ 1 時相遇，早到者應等遲到者 20 分鐘方可離去。如果兩人出發是各自獨立的，且在 0 ～ 1 時的任何時刻到達是均等機率的，問兩人相遇的可能性為多少？

為簡便起見，假定兩人分別在 x 時與 y 時到達，依題意，必須滿足 $|x-y| \leqslant \frac{1}{3}$ 才能相遇。

顯然，兩人到達時間的全部可能性，均勻地分布在圖 10.2 的一個單位正方形 I 內。而相遇現象，則發生在圖中的陰影區 G 中。根據機會均等原則，兩人相遇的機率可能性過半。

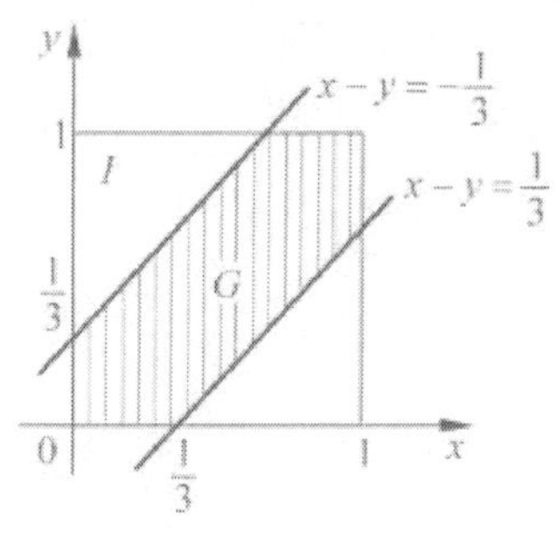

圖 10.2

$$p=\frac{S_G}{S_I}=\frac{1-\left(\frac{2}{3}\right)^2}{1^2}=\frac{5}{9}$$

上面只是幾個利用機會均等原則妙算機率的例子，讀者可以自行設計一些問題或遊戲，並用以訓練自己的思維和計算，以達到熟能生巧的目的。

十一、

分取賭金的風波

1494 年，義大利出版了一本有關計算技術的教科書，作者帕丘利（Luca Pacioli）提出了以下問題：假如在一場比賽中，勝 6 局才算贏，那麼，兩個賭徒在一個勝 5 局，另一個勝 2 局的情況下中斷賭博，賭金該怎麼分？帕丘利本人的看法是，應按照 5 與 2 的比，把賭金分給他們兩人才算合理。

後來人們對帕丘利的分配原則一再表示懷疑，總覺得有什麼不對的地方。他們舉例：如果一場比賽需要勝 16 局才算贏的話，那麼，當兩個賭徒中一個已勝 15 局，另一個才勝 12 局的情況下，賭博被迫中斷，該怎麼分賭金呢？這時場上的局勢是：已經勝 15 局的賭徒，勝券在握，只要再勝一局，就可得到全部賭金。而另一名賭徒卻需要連勝 4 局才可以，這可是一件相當艱難的事。可是照帕丘利的分配原則，他們兩人所分的賭金應當是 15：12 ＝ 5：4，相差並不太多。看來，這種分配原則是不夠公平合理的。然而，當時沒有人找到更加合適的方法。

半個世紀以後，另一名義大利數學家吉羅拉莫·卡丹諾（Girolamo Cardano，1501 ～ 1576）討論了一個類似的問題。卡丹諾曾以發表三次方程式的求解公式而聞名於世。他發現，需要分析的不是已經賭過的次數，而是剩下的次數。他想，在帕丘利的問題裡，勝了 5 局的賭徒只要再贏 1 局，便可以結束整場賭博。所以假若比賽不中斷的話，再賭下去只有 5 種可能，即他第 1 局勝，第 2 局勝，第 3 局勝，第 4 局勝或所有 4 局都輸掉。卡丹諾認為，總賭金應按照

（1 ＋ 2 ＋ 3 ＋ 4）：1 ＝ 10：1

的比例來分配。人們至今還摸不透，卡丹諾當時推算上面的公式是怎麼想的，但上面的結果卻是錯的，後面我們可以看到正確答案是 15：1。

時間又過了 100 年。1651 年夏天，當時享譽歐洲、號稱「神童」的數學家帕斯卡（Bryce Pascal，1623 ～ 1662），在旅途中偶然遇到了賭徒梅累，梅累是一個貴族公子哥，他對帕斯卡大談「賭經」，以消磨旅途時光。梅累還向帕斯卡請教一個親身遇到的「分賭金」問題。

問題是這樣的：一次梅累和賭友擲骰子，各押賭注 32 個金幣。梅累若先擲出 3 次「6 點」，或賭友先擲出 3 次「4 點」，就算贏了對方。賭博進行了一段時間，梅累已擲出 2 次「6 點」，賭友也擲出 1 次「4 點」。這時，梅累奉命要立即去晉見國王，賭博只好中斷。那麼兩人應該怎樣分這 64 個金幣的賭金呢？

賭友說，梅累要再擲一次「6 點」才算贏，而他自己若能擲出 2 次「4 點」也就贏了。這樣，自己所得應該是梅累的一半，即得 64 個金幣的 1/3，而梅累得 2/3。梅累爭辯說，即使下一次賭友擲出了「4 點」，兩人也是平分秋色，各自收回 32 個金幣，何況那次自己還有一半的可能得 16 個金幣呢！所以他主張自己應得全部賭金的 3/4，賭友只能得 1/4。

公說公有理，婆說婆有理。梅累的問題居然難住了帕斯卡。他為此苦苦思索了 3 年，終於在 1654 年悟出了一些眉目。於是他把自己的想法寫信告訴他的好友，當時號稱數壇「怪傑」的皮埃爾．費馬（Pierre Fermat，1601 ～ 1665），兩人對此展開了熱烈的討論。後來荷蘭數學家惠更斯（Christiaan Huygens，1629 ～ 1695）也加入了他們的探討行列。他們得出一致的意見是，梅累的分法是對的！惠更斯還把他們討論的結果記入 1657 年出版的《論賭博中的計算》一書。這本書至今被公認為機率論的第一部著作。

梅累的分法為什麼是對的？帕斯卡和費馬又是怎麼想的？這一連串的疑團，要等今後大家學到更多機率論知識時，才能一一解開。不過這裡要告訴大家的是，帕丘利問題的解決，比梅累問題簡單得多，在卡丹諾想法的基礎上，我們已經無須再邁幾步了！

事實上，照卡丹諾的想法，在中斷賭博後所設想的 4 局比賽中，每局都有勝負兩種可能，總共有 2×2×2×2 ＝ 16 種可能。其中只有最後一種，即第一個賭徒 4 局全負時，第二個賭徒才可能贏。而其餘 15 種情況都是輸。因此，他們的賭金分配比例應當是 15：1。

持續了整整一個半世紀的分取賭金問題的風波，終於以機率論的誕生而宣告平息。然而，這門此後在科學上功勛卓著、光彩照人的數學分支，卻因此背上了「出身不正」的名聲。

十二、

5 個生日相同的姐妹兄弟

十二、5個生日相同的姐妹兄弟

大千世界，無奇不有。但真正稱得上「絕無僅有」的事，也不多見。以下我們講的是一個真實的故事。當讀完篇末的分析，大家就會知道，這樣的事情是多麼稀奇和罕見。

故事發生在美國的維吉尼亞州，男主角名叫雷夫，女主角叫卡羅琳。這是一對「奇蹟般的父母」，他們的 5 個孩子雖然年齡各不相同，但生日卻全然一樣，都在 2 月 20 日出生。

奇蹟般故事的序幕是在 1952 年 2 月 20 日拉開的。預計在 3 月分出生的長女卡莎琳，硬是提前兩個星期來到了人世間。一年之後的同一天，次女卡羅爾又誕生了。雷夫夫婦對這種巧合驚訝不已，況且 1952 年是陽曆閏年，這一年比通常的 365 天要多 1 天。

1954 年 6 月，母親卡羅琳第 3 次懷孕。由於前兩個孩子都在 2 月 20 日出生，因此當父母的也曾抱著一線希望，期待即將出世的寶寶，能夠跟兩位姐姐的生日同天。為此他們曾向醫生請求：「如果到了 2 月 20 日還不見孩子出生的話，就請用催產的方式。」然而，這個請求被事實證明是多餘的。到了這一天，卡羅琳自然分娩了。準時來到人間的是寶貝兒子查爾斯。

此後隔了 5 年。到了 1959 年，三女兒克勞蒂婭鬼使神差般也在 2 月 20 日降生。母親生她時，家中正在為 3 個孩子慶賀生日。母親分娩後不顧生育勞累，匆匆趕回家中，決意親手為孩子們烤糕點。

4 個孩子神奇般地出生在一年 365 天裡的同一天，這可是當時世界的最高紀錄，並在當地一時傳為佳話。因此，當卡羅琳第 5 次懷孕的消息傳開，整個維吉尼亞州群情雀躍，人人興奮不已，個個翹首以待。2 月 20 日這一天，父親雷夫正在運動場觀看足球賽。比賽緊張激烈，場上角逐正酣。突然擴音器裡傳來振奮人心的消息：「雷夫，祝賀您！生了個女兒。」頓時，整個運動場沸騰起來，運動員們也暫停比賽，加入歡呼的行列。人們組成浩浩蕩蕩的隊伍，把雷夫像英雄般抬起來……小女兒塞西莉婭就這樣誕生了。

5 個孩子相同生日的故事就此結束了，留給我們的問題是：這種同一父母所生的 5 個子女，生日全都相同的機率究竟有多大呢？且看表 12.1。

表 12.1 5 個孩子生日相同的機率

稱呼	姓名	(2月20日)出生的機率
長女	卡莎琳	$p_1=1$
次女	卡羅爾	$p_2=\frac{1}{365}$
兒子	查爾斯	$p_3=\frac{1}{365}$
三女	克勞蒂婭	$p_4=\frac{1}{365}$
小女	塞西莉婭	$p_5=\frac{1}{365}$

長女卡莎琳的生日是隨機的。儘管她是在 1952 年的 366 天中，未卜先知地帶頭選擇了 2 月 20 日降臨人世，然而對於她，生日的選擇是不受約束的，因而 P1 ＝ 1。對於次女卡羅爾，情況則有所不同。她要與她姐姐生日相同，就只能在全年 365 天中特定的一天出生，因而$p_2=\frac{1}{365}$。同理可得查爾斯、克勞蒂婭、塞西莉婭等人在 2 月 20 日出生的機率，各自均為$\frac{1}{365}$。

由於以上 5 個各自獨立的出生事件，是同時出現的，因此其出現的總機率應為

$$p=p_1\cdot p_2\cdot p_3\cdot p_4\cdot p_5=1\times\left(\frac{1}{365}\right)^4$$

$$=\frac{1}{1.77\times 10^{10}}$$

也就是說，這種現象出現的機率只有$\frac{1}{177億}$。須知，現今生存在我們這個星球上的人，充其量不過七、八十億。而其中有生育能力，且恰好生5個孩子的女人，猜想不會超過1億（10^8）。這樣，在我們整整一代人中，出現這種現象的可能性只有 $p \cdot 10^8 = \frac{1}{1.77 \times 10^{10}} \times 10^8 = 0.56\%$

這意味著即使經歷了10代人，也很難出現一次五個孩子生日相同的事件。況且「可能」還不等於一定要出現呢！然而，這種千載難逢的現象，居然真真切切地發生在我們的時代，這是多麼稀奇、多麼難得的事啊！

十三、

一個關於抽籤順序的謎

十三、一個關於抽籤順序的謎

班級決定舉行法律知識競賽，每小組各出一名代表參加。為了檢查基本法律知識的普及度，規定全班同學都做準備。賽前由各小組以抽籤的方式，隨機決定參賽人選。

比賽定在下午舉行。中午放學路上，小聰、小明和小花 3 個同組的同學走在一起，邊走邊談論著下午競賽的事。

小明對小聰說：「你比我們準備得都要充分，下午抽籤你就先抽吧！」

「這跟抽籤先後有什麼關係？」小聰不解地問。

「啊！怎麼沒關係！先抽的人當然比後抽的人抽到的機會大。」小明說道。

「這也不一定！」在一旁聽他們爭論的小花冷不防插了一句。

「怎麼會不一定！」小明急忙辯解，「第一人抽的時候，無論如何，做記號的籤還在，假如這張紙被第一個人抽走了，那後面的人就根本不用抽了。」

小明一邊對小花說著，一邊目光頻頻朝小聰看，似乎在尋找支持者。不料小花不甘示弱，語出驚人，說出一番很有分量的話：

「我看後抽的人抽到的可能性更大。比如我們組有 10 個人，做記號的籤只有一張，因此第一人抽到的可能性是

1/10。由於 1/10 的機率很小，所以第一個人一般是難以抽到的。但對第二個人來說，這時只剩下 9 張籤，其中包含了一張有記號的，因此他抽到這張籤的可能性是 1/9。這比第一個人抽到的 1/10 可能性還大。如果前 9 個人都沒有抽到的話，那麼最後一個人抽到有記號的籤就是必然的了，這時抽到的機率還等於 1 呢！是不是？」

小明被小花一番有板有眼的話說得語塞，一時想不出什麼更有力的論據，只是懷疑地反問：

「你說的都是別人抽不到有記號的籤，如果別人抽到了呢？」

這時，剛才一直在思考的小聰，出乎意料地半路殺出一種觀點來：「我看所有人抽到有記號的籤的機會是一樣的！」

「什麼？一樣的？」小明和小花異口同聲地驚呼！這的確有點讓人難以置信。小明一向佩服小聰，知道他沒有相當把握是不會輕易下結論的，但這時也不禁滿腹狐疑：

「要知道第一個人抽時有 10 張籤，而最後一個人抽時只有 1 張籤，事實上他抽不抽都無所謂，因為實際上已經決定了。他們抽到有記號的籤的機會會一樣嗎？」

「是的，我是這樣認為的。」小聰不覺加重了語氣。隨即他問小明和小花：「全組有 10 個人，一個接一個抽，抽到什麼籤，假定大家暫時都不看，或者即使看了，也暫時不說，那麼每個人抽到有記號的籤的可能性有多大呢？」

「1/10！」兩人齊聲回答，似乎有點不以為然。

「現在大家再去看自己抽的是什麼籤，這時抽籤順序及抽到籤的內容會受影響嗎？」小聰又一個問題。

「當然沒影響！」小明和小花又一次齊聲回答。

「那這不是說他們抽到有記號的籤的可能性都是 1/10 嗎？」小聰胸有成竹。

「？！」

真是絕妙的解析！小明和小花似乎被小聰的智慧所折服。雖說如此，他們在心裡還是有點嘀咕：「抽籤的人都是一抽到就看籤紙的呀！」他們覺得這個前提有點蹊蹺。但小聰本人也無法說出一個所以然，於是他們決定向老師請教這個關於抽籤順序的「謎」。

老師沒有直接回答「謎底」，而是拿了一些圍棋棋子，放入小布袋中，問大家：「假定袋子裡有 m 個白子和 n 個黑子，那麼第一次摸到白子的可能性有多少呢？」

$$“\frac{m}{m+n}。”$$

大家回答。

「摸到黑子呢？」

$$“\frac{m}{m+n}。”$$

「對！」老師肯定地說，「現在假定這個已經摸出的棋子不放回去，那麼袋子裡一共還有幾個棋子？」

「有 m ＋ n － 1 個。」三人異口同聲回答。

「這時大家從袋子裡抽出一個白子的可能性是多少呢？」老師繼續問。

三人全都陷入了沉思。小聰反應快，他說：「老師，我們還不知道第一次抽到的是白子還是黑子呢！」

「很好！」老師讚許地點點頭，「第一次可能抽到白子，也可能抽到黑子。」

「那麼兩種情況都要考量，對嗎？」三人似有所悟。

「沒錯，同學們。現在請你們拿出一張紙算一算吧！」

於是 3 個朋友圍在小桌旁，邊討論邊計算。躍然紙上的算式，清晰地描繪了以下的思路：

第一次如果摸到白子，那麼袋子裡剩下 m － 1 個白子和 n 個黑子。此時去摸，又得白子的可能性為$\frac{m-1}{m+n-1}$，

第一次如果摸到黑子，那麼這時袋子裡剩下 m 個白子和 n－1 個黑子。此時去摸，也得白子的可能性為$\frac{m}{m+n-1}$。

注意第一次摸到白子的可能性為$\frac{m}{m+n}$，摸到黑子的可能性為$\frac{n}{m+n}$，因此第二次摸到白子的可能性是

$$p=\frac{m}{m+n}\cdot\frac{m-1}{m+n-1}+\frac{n}{m+n}\cdot\frac{m}{m+n-1}$$

$$=\frac{m}{m+n}$$

「老師，第二次摸到白子的可能性也是$\frac{m}{m+n}$。」三人為所得結論興奮不已。

「那麼第 3 次、第 4 次摸到白子的可能性呢？」老師再問。

「每次摸到白子的可能性都跟前一次是一樣的，都應該等於$\frac{m}{m+n}$。」小聰推理說，小明和小花也投以贊同的目光。

「太好了！同學們，我想你們已經能夠自己得出抽籤之『謎』的謎底了！」

親愛的讀者，可能你也猜到關於抽籤之「謎」的謎底了。那麼，你可以說一說，小明、小花和小聰他們三人開始的結論，誰是對的呢？

十四、

伯特蘭的機率悖論

會場上人聲鼎沸，笑語轟鳴。主持者振臂高呼：「不要說話！」

新刷的黑板上醒目地寫著4個大字：不准塗畫。

類似的事例，在日常生活中並不少見。細細思量一番，就會覺得其間有些自相矛盾。會場主持人要大家不要說話，自己卻在大聲說。新黑板上的留言，顯然是告誡人們不要在黑板上亂塗，但好心的留言人，自己卻違背了這個告誡，在黑板上留下4個顯赫大字。

一個村子裡只有一位理髮師，這位理髮師只幫本村不替自己理髮的人理髮。這是長年沿襲下來的、不可違背的村規。現在問：「這位理髮師的頭髮由誰來理？」

無論怎樣的答案，都將出現矛盾。倘若理髮師的頭髮是「由別人理」的，那麼按照村規，他的頭髮必須由理髮師來理，但村裡的理髮師只有一個，這就變成理髮師自己理自己的頭髮，這與原先假定理髮師的頭髮「由別人理」自相矛盾。又如果理髮師的頭髮由「自己來理」，那麼按照村規，自己理髮的人，理髮師是不該為他理髮的。然而「他」的頭髮恰恰就是理髮師理的，又產生矛盾。

以上三例稱為「悖論」，其大意是自相矛盾的奇談怪論。一門學科出現悖論，顯示該學科的基礎還有不夠嚴謹的地方。悖論既帶給學術界「危機感」，又吹響了「攻堅」的衝鋒號。19 世紀末，集合論已成為近代數學的基本工具之一，但究竟什麼是集合，連它的創始人，德國著名數學家喬治·康托（Georg Cantor，1845 ～ 1918）教授，也未能完全說清楚。1902 年，英國數學家伯特蘭·羅素（Bertrand Russell，1872 ～ 1970）提出了一個類似前面例子的集合悖論，讓人對嚴謹的集合論產生了懷疑，從而使整個數學界產生極大的震動。此後多年，許多著名的學者絞盡腦汁，試圖醫治這個怪症，終於使集合論的基礎研究獲得重大的突破。

翻開人類的文明史，我們可以發現，一門新科學的發展，從來沒有一帆風順的。集合論是如此，機率論也是如此。到 19 世紀末，機率論雖說已經初露鋒芒，但由於缺乏嚴格的理論基礎，常常被人找到一些可鑽的漏洞。其中最為典型的，要數 1889 年法國數學家伯特蘭（Bertrand，1822 ～ 1900）提出的機率悖論：在圓內任作一弦，其長度超過圓內接等邊三角形邊長 a 的機率是多少？

［答案 1］ $p=\frac{1}{2}$。

如圖 14.1 所示，設 PQ 為直徑。以 P、Q 為頂點作圓內接等邊三角形，分別交 PQ 於 M、N 點。在 PQ 上任取一點 H，過 H 作弦 AB ⊥ PQ，則 H 必為 AB 中點。顯然，

要使 AB 長大於 a，必須使 H 落於 MN 之中。易知 MN 的長為 PQ 長度的一半。

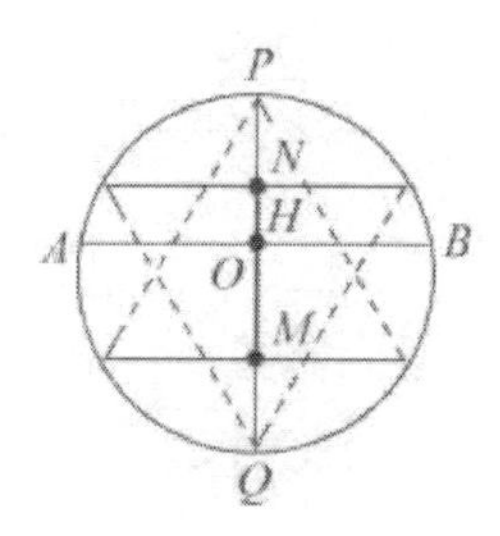

圖 14.1

［答案 2］ $p=\frac{1}{3}$。

如圖 14.2 所示，設 AB 為任意弦，則 AB 中點 H 必在以 AO 為直徑的小圓周上。過 A 作圓內接等邊三角形交小圓於 M、N 兩點。顯然，要使 AB 長大於 a，必須使 H 落於$\overset{\frown}{MN}$上。易知$\overset{\frown}{MN}$的長為小圓圓周的 1/3。

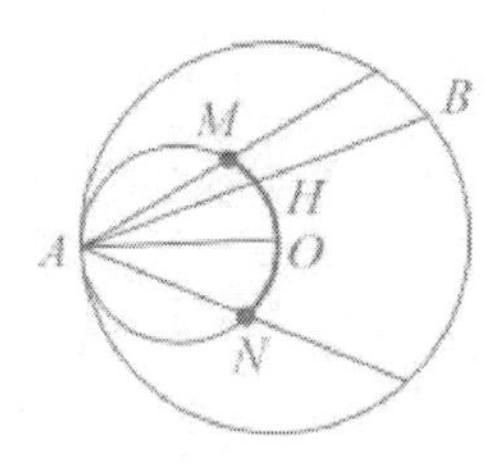

圖 14.2

［答案 3］ $p=\frac{1}{4}$。

如圖 14.3 所示，設 AB 為任意弦，H 為中點。顯然，要使 AB 長大於 a，必須使 OH 長小於$\frac{a}{2}$，即點 H 在以 O 為圓心，半徑為大圓一半的小圓內。這樣小圓的面積只有大圓面積的 1/4。

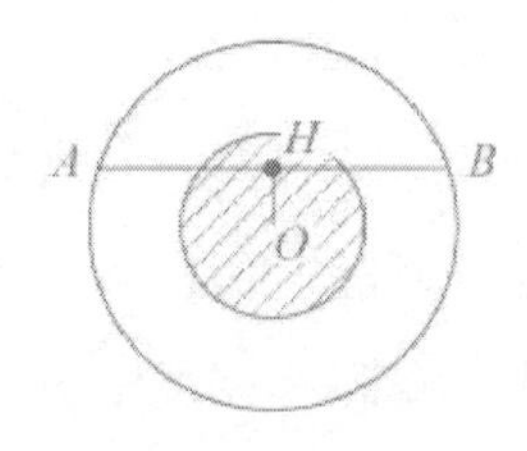

圖 14.3

以上 3 個答案似乎都有道理，那麼究竟誰是誰非呢？仔細推敲思索就會發現，3 個答案的前提各不相同。第 1 個答案是假定弦中點 H 在直徑 PQ 上均勻分布；第 2 個答案是假定弦中點 H 在小圓周上均勻分布；而第 3 個答案是假定弦中點 H 在圓內均勻分布。由於前提條件各不相同，所以得出的答案自然各異。實際上，如果我們高興的話，還可以設定新的前提，使伯特蘭問題的機率等於任何預先給定的數 $p\left(\frac{1}{3}\leqslant p\leqslant\frac{1}{2}\right)$。下面用圖 14.4 給出第 4 種答案的解題提示，其餘留給好學的讀者們自行思考和練習。

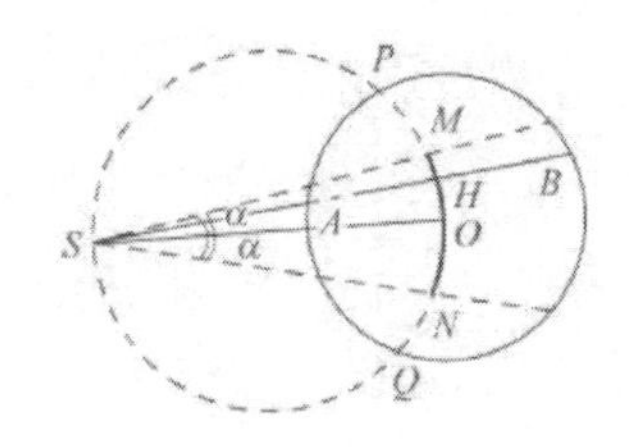

圖 14.4

一個問題會有隨心所欲的答案，當然是不可思議的。為了堵住諸如「伯特蘭悖論」這樣的漏洞，科學家們發動了一場對機率基礎理論的「突破瓶頸」戰。這個堅固的科學堡壘，終於在 1933 年被蘇聯數學家科摩哥洛夫（Andrey Kolmogorov，1903 ～ 1987）等人攻克！

十五、

以蒙地卡羅命名的方法

蒙地卡羅（Monte Carlo）是瀕臨地中海的摩洛哥中一座紙醉金迷的賭城。它為西方世界的王公顯貴和達官富豪提供尋歡作樂的場所，並因此頗負盛名。然而，出人意料的是，竟然有一個以蒙地卡羅命名的方法，在新興數學分支——優選法中，嶄露頭角。

選優，是人類賦予科學的永恆課題。對同一個問題來說，選優的方法一般是很多的。從眾多的選優方法中，找出最優的方法，這就是優選法。以下是一個流傳很廣的智力測驗題，可以生動地說明優選法的實質。

有 12 個球，外表全然一樣，已知其中有 1 個球質量異於其他，但不知其較輕或較重。試用無砝碼天平秤量比較，找出這個「偽球」，並指出它究竟較輕或較重於「真球」。

如果不限制秤量比較的次數，那麼要找到偽球是輕而易舉的。但是，假如限定只能用無砝碼天平秤量 3 次，你一定會感到沒那麼容易！

可以證明，在我們的問題中，透過 3 次秤量，能夠處理的最多球數是 12 個。一般來說，用無砝碼天平秤量 n 次，能夠處理的最多球數如表 15.1 所示。像這樣，用最少的比較次數，去處理最多球數的方法，就是優選法需要研究的內容。

表 15.1 秤量次數和最多可處理球數對照表

秤量次數	最多可處理的球數
1	0
2	3
3	12
4	39
5	120
6	363
7	1092
…	…
n	1/2（3^n-3）

上面的問題中有一個前提，即在眾多的球中只有一個是偽球。如果偽球不止一個，而是若干個，那麼所有需要判定的球可分為兩類，一類叫「真球」，一類叫「偽球」，它們外表都相同，只是質量略有差異。其實，「真」、「偽」只是一種稱呼而已，所以為方便起見，今後

我們總把偽球看成比真球略重些。多個偽球的問題，顯然要比單一偽球的問題更為複雜。比如有 20 個這樣的球，那麼光是判定偽球的數目，用無砝碼天平就得秤量 11 次以上不可！

上面的 20 球問題和前面的 12 球問題，都是非常有趣味和極富啟發性的智力思考題，把它們留給讀者鍛鍊自己的思維，將是有益的。（讀者可根據本叢書《無限中的有限》一冊的〈十四、科學的試驗方法〉中，找到 12 球難題的一般性解答。）現在再進一步假設：球的數量極多，而且質量各不相同。這時問題顯然大為複雜。好在多數實踐問題中，嚴格地排序意義並不太大。只要能分出誰較輕、誰較重就可以了。蒙地卡羅法就是告訴我們，怎樣從大量的球中尋找較重或較輕球的方法。設想所有的球被人為地分為兩類，一類是較輕的真球，一類是較重的偽球。蒙地卡羅法是說，只要從所有的球中，隨機選取 r 個球，則其中最重的球，大概便是偽球。

上述方法似乎令人難以置信，然而事實的確如此！道理也很簡單。實際上，我們可以把隨機抽取的 r 個球，看成是相繼抽取的。由於假設球的數量很多，所以為了簡化計算，不妨認定每次取出球後又放回。這樣，如果假定真球有 m 個，偽球有 n 個，那麼每次抽到真球的機率均為$\frac{m}{m+n}$。

r 次都抽到真球的機率為

$$\frac{m}{m+n}\cdot\frac{m}{m+n}\cdot\cdots\cdot\frac{m}{m+n}=\left(\frac{m}{m+n}\right)^r$$

因此 r 次中至少有一次抽到偽球的機率為

$$p=1-\left(\frac{m}{m+n}\right)^r$$

當 r 增大時，上式的後一項將變得很小，從而 p 將很接近於 1，這就是說，在所抽的 r 個球中含有偽球，是十拿九穩的事。

蒙地卡羅法是確定大量事物中某種特定狀況問題的既快速又實用的一種方法。

例如，測定學校裡學生的弱視狀況。假定全校有 1,000 個學生，隨機抽查 10 組，每組 10 人。發現有 8 組都有人視力在 0.5 以下。問：該校學生的弱視狀況如何？

由於 10 組中有 8 組發現弱視現象，所以抽到弱視的現象為 80%，即

$$p = 0.8$$

代入前面的公式，注意到 m ＋ n ＝ 1,000，則

$$0.8=1-\left(\frac{m}{1000}\right)^{10}$$

$$\left(\frac{m}{1000}\right)^{10}=0.2$$

$$\lg\left(\frac{m}{1000}\right)=\frac{1}{10}\lg 0.2$$

求得

$$m = 851，n = 149$$

即知該校大約有 15%的人是弱視的。

蒙地卡羅法在優選法中也叫統計試驗法，它的不足是：畢竟是統計方法，大數法則發揮作用，免不了有機遇的成分，所以抽取的次數 r 要大一些才行。

十六、

關於《赤的疑惑》的質疑

十六、關於《赤的疑惑》的質疑

1980年代，有一部家喻戶曉的日本電視劇《赤的疑惑》（日文名：《赤い疑惑》）。

《赤的疑惑》的劇情是：美麗純真的花季少女幸子，在父親的研究所，不幸受到生化輻射，罹患白血病，需不斷換血，可是她的父母和她的血型都不相同，唯有她的男朋友光夫的血型與她同為AB-Rh陰性。而這種特殊的血型，又引出了幸子的身世之謎，並由此演繹出一幕幕感人肺腑的動人故事。

原來幸子和光夫是一對同父異母的兄妹。幸子是相良和理惠所生，光夫是相良和多加子所生，他們之間的愛情是被禁止的。

《赤的疑惑》的故事是圍繞著血型疑問而展開的。令人驚異的是，劇中4個主要人物相良、理惠、幸子和光夫的血型，竟然同是AB-Rh陰性。多加子的血型在劇中雖然沒說，但從機率的角度分析，也不應該是任意的。

《赤的疑惑》的故事情節當然是虛構的。雖說在我們生活的這個星球上，存在著數不清的偶然和巧合。但從科學的角度來看，《赤的疑惑》中的血型結構，究竟有多大的現實可能性，一向質疑頗多。要弄清楚這一點，還得追溯到 20 世紀初。

1900 年美籍奧地利生物學家藍特許泰納（Landsteiner）發現了血細胞的凝結現象。此後，學者們又陸續發現了人類的血液可以按照凝結與否而分為若干大類，並稱之為血型。1924 年，伯恩斯坦（Bernstein）提出了「三複等位基因」的學說。這個著名學說的要點是：人類的血型受體細胞第 7 對染色體中的 A 基因、B 基因和 O 基因控制。在一個位點上，A、B、O3 種基因必居其一。這樣，在受精過程中，兩條染色體相配，可以表現出 6 種基因的基本組合：OO、OA、OB、AA、AB、BB。由於 A、B 基因屬於顯性，O 基因屬於隱性，所以 A、B 能表現出來，O 卻不能表現出來。因此，上述 6 種基因組合中，OA 與 AA 均表現為 A 型，OB 與 BB 均表現為 B 型，加上 O 型（OO）與 AB 型，一共有 4 種表現型，見圖 16.1。

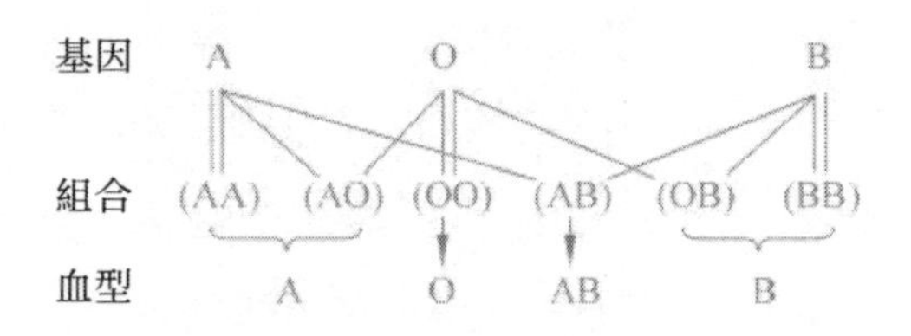

圖 16.1 血型的遺傳

據相關數據統計，世界上不同人種中的血型分布有很大的不同。以黃色人種為例，血型為 A 的占 28%，血型為 B 的占 29%，血型為 AB 的占 8%，血型為 O 的占 35%。血型中 Rh 陰性者占 1%。

由於《赤的疑惑》的故事是發生在黃色人種的日本，所以在人口中出現 AB-Rh 陰性的機率為

$$p_1 = 8\% \times 1\% = 8 \times 10^{-4}$$

$$p1 = 8\% \times 1\% = 8 \times 10^{-4}$$

即 0.08%。而同是 AB-Rh 陰性的相良和理惠結合的機率為

$$p2 = p1 \times p1 = (8 \times 10^{-4})^2 = 6.4 \times 10^{-7}$$

他們子女的血型，照奧地利遺傳學家孟德爾（Mendel，1822 ～ 1884）的定律，可能有 A 型、B 型和 AB 型

3 種。由圖 16.2 可知，自由組合中 AB 型占$\frac{2}{4}$。注意到幸子是女性，又其血型不僅是 AB 型，而且還是

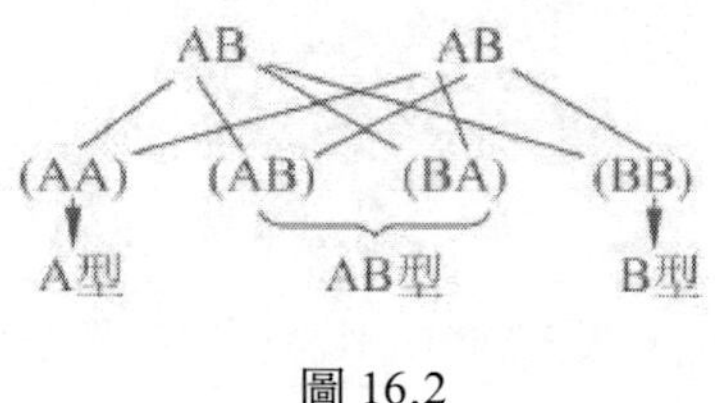

圖 16.2

Rh 陰性等各種獨立的限制，可得這個情形出現的機率為

$$p_3=\frac{2}{4}\times 1\%\times\frac{1}{2}=2.5\times 10^{-3}$$

綜合上述，相良、理惠及其女兒幸子這個血緣鏈中，三者血型均為 AB-Rh 陰性的機率為

$$p4 = p2\times p3 = 6.4\times 10^{-7}\times 2.5\times 10^{-3} = 1.6\times 10^{-9}$$

現在看另一條血緣鏈。由於相良和光夫父子的血型都是 AB 型，所以儘管母親多加子的血型不知道，但她的血型不會是 O 型，這應該是肯定的。因為如果是 O 型，就不可能分離組合出 AB 型的後代。這樣，多加子的血型基因組合只能是 AO、AA、BO、BB、AB 這 5 種。

對多加子的上述 5 種可能的血型基因組合，像前面那樣，利用孟德爾分離組合定律，逐一加以計算。考量到身為黃種人的多加子，能夠獲得各種基因組合的百分比，便可算得光夫血型為 AB-Rh 陰性的機率如表 16.1 所示。

表 16.1 光夫血型的機率表

多加子血型基因	血型基因所占比例／%	光夫 AB-Rh 陰性機率
AO	14	0.000
AA	14	0.000
BO	14.5	0.000
BB	14.5	0.000
AB	8	0.000
	65	p = 0.001267

這就是說，在相良血型為 AB 的前提下，光夫血型為 AB-Rh 陰性的機率為

$$p5 = 1.267 \times 10^{-3}$$

最後，我們來分析上面所說的兩條血緣鏈的交叉，即研究相良、理惠、幸子和光夫 4 人血型同為 AB-Rh 陰性的可能性。很明顯，幸子與光夫之間的血型是不可能沒有關係的，因為他們畢竟是同父異母的兄妹。所以，當我們算得相良、理惠和幸子的血型同為 AB-Rh 陰性的機率 p4

之後，繼而計算光夫的血型機率時，就不能不考量「同父」的條件。好在當我們計算 p5 時，已經把相良血型是 AB 作為前提。於是，最終得出 4 人血型同為 AB-Rh 陰性的機率為

$$p = p_4 \times p_5 = 1.6 \times 10^{-9} \times 1.267 \times 10^{-3}$$

$$= 2 \times 10^{-12} = \frac{1}{5 \times 10^{11}}$$

1/5,000 億！這比千載難逢的「生日相同五兄弟姐妹」的機率還要小得多。因此，我們可以斷言：電視劇《赤的疑惑》中的血型結構，完全是一種臆造和誇張，在現實世界中是不可能發生的，這就是關於《赤的疑惑》質疑的科學結論。

十七、

小機率——摸彩

有道是「天有不測風雲，人有旦夕禍福」，這話有對的一面，也有不對的一面。對的一面是，說出了事物發生的偶然性。不對的一面是，誇大了偶然的成分，忽視了偶然中的必然規律和量的關係，給人的心理籠罩上一種不可知論的陰影。

例如，在世界上，火車與汽車相撞的事件時有發生，這樣的悲劇常能見諸電視和報章雜誌。然而，卻幾乎沒有人在旅行中，由於擔心火車與汽車相撞，不去搭火車、汽車而寧願步行。這是為什麼呢？原因是，在現實中，這種相撞的可能性實在是太小了。在世界上千千萬萬次的行車中，能相撞的也只是極少數幾例。又如，人遭遇車禍這種可能性，通常會比火車與汽車相撞的可能性大不知多少倍。然而，在人們億萬次的外出中，遭遇車禍的人畢竟還是占少數。人們並不會因此而常年待在家中，裹足不前。城市裡依舊熙熙攘攘、摩肩接踵。「沉舟側畔千帆過」，這絕不是由於人們的健忘，而是由於人們不相信一個機率很小的事件，會恰好發生在自己身上。人們認為，儘管別人有過值得同情的悲慘教訓，但這是因為他自身的不注意，或其他未知的原因。所以，這個世界的一切，依然故我。這種潛意識包含了一條極重要的原理——小機率原理，即一個機率很小的事件，一般不會在一次試驗中發生。

下面介紹一個有趣的遊戲，如果你新到一個班級，那麼你完全可以大言不慚地對班上 49 名新同學，做一次驚人的宣布：「新班級裡一定有人生日是相同的！」我想，大家一定會驚訝不已！可能連你本人也會感到難以置信吧！因為首先，你對他們的生日一無所知，其次，一年有 365 天，而你班上只有 50 人，難道生日會重合嗎？但是，我必須告訴你，這樣做是非常可能獲得成功的。

這個遊戲成功的原因是什麼呢？原來，班上的第一位同學要與你生日不同，那麼他的生日只能在一年 365 天中的另外 364 天，即可能性為 $\frac{364}{365}$；而第二位同學，他的生日必須與你和第一位同學都不同，可能性為 $\frac{363}{365}$；第三位同學應與前三人的生日都不同，可能性為 $\frac{362}{365}$……如此等等，得到全班 50 名同學生日都不同的機率為

$$\frac{364}{365}\times\frac{363}{365}\times\frac{362}{365}\times\cdots\times\frac{316}{365}$$

用電腦或對數表細心計算，可得上式結果為

P（生日全不相同）＝ 0.0295

由於 50 人中有人生日相同和生日全不相同這兩件事，二者必居其一，所以

P（有人生日相同）＋P（生日全不相同）＝1

因而

P（有人生日相同）＝1－P（生日全不相同）＝1－0.0295＝0.9705，即你成功的可能性有97%，而失敗的可能性不足3%。根據小機率原理，你完全可以指望這是不會在一次遊戲中發生的。

以下，我們舉一個例子來說明，小機率事件是多麼「可遇而不可求」！

有一個「擺地攤」的人，他拿了8個白色的圍棋子、8個黑色的圍棋子，放在一個袋子裡。他規定：凡願摸彩者，每人交5塊錢，當作「手續費」，然後一次從袋中摸出5個棋子，老闆照地面上鋪著的一張「摸子中彩表」給「彩金」（表17.1）。

表17.1 摸子中彩表

摸到	彩金	摸到	彩金
5個白色	100元	3個白色	紀念品（約價值1元）
4個白色	10元	其他	同樂一次

這個「摸彩」賭博，規則很簡單，賭金也不大，所以吸引了不少過往行人，地攤一時被圍得水洩不通。許多人不惜花5塊錢去碰「運氣」，結果自然掃興者居多。

從表面上看，以上摸子中到「彩金」似非難事。下面我們深入計算一下摸到「彩金」的可能性。

$$P(5\text{ 個白色})=\frac{8}{16}\times\frac{7}{15}\times\frac{6}{14}\times\frac{5}{13}\times\frac{4}{12}$$

$$\approx 0.0128$$

$$P(4\text{ 個白色})=\left(\frac{8}{16}\times\frac{7}{15}\times\frac{6}{14}\times\frac{5}{13}\times\frac{8}{12}\right)\times 5$$

$$=0.1282$$

$$P(3\text{ 個白色})=\left(\frac{8}{16}\times\frac{7}{15}\times\frac{6}{14}\times\frac{8}{13}\times\frac{7}{12}\right)\times 10$$

$$=0.3589$$

（讀者如果一時弄不清楚計算的方法，可以只看結果），現在按摸 1,000 次統計：老闆「手續費」收入共 5,000 元，他可能需要付出的、包括紀念品在內的「彩金」是

$$\{P\,(5\text{ 個白色})\times 100+P\,(4\text{ 個白色})\times 10+P\,(3\text{ 個白色})\times 1\}\times 1000$$

$$=\{0.0128\times 100+0.1282\times 10+0.3589\times 1\}\times 1000$$

$$=2921\text{（元）}$$

老闆可望淨賺 2,079 元。我想，看了以上的分析，讀

者們一定不會再懷著好奇和僥倖的心理，用自己的錢去填塞「摸彩」老闆那永填不飽的腰包了吧！

有人說：「現在國家不也在發行樂透和運動彩券嗎？」

的確，但這與上述「摸彩」有本質的不同！國家發行的樂透，其餘額基本上都用於公益事業，其用意是為大眾謀福祉。從某種意義上來說，人們買國家發行的樂透，顯示國民愛國的一種心態！國家發行樂透與某些賭徒「摸彩」騙錢的伎倆，是根本不能相提並論的，後者是非法的。

十八、

布朗運動和醉鬼走路

可能讀者們都有這樣的經驗：在一杯涼開水裡，加上一湯匙的砂糖。糖在杯底漸漸溶化，但如果你喝一口杯子上半部的水，卻依然不會感覺甜。這是什麼原因呢？原來這時杯子下半部的糖分子還沒有跑到杯子上半部來，因而我們感覺不到。糖分子在水中自行跑動，這種現象在物理學中稱為擴散。杯底的糖分子要擴散到杯子上半部，需要好長的時間。人們常常因此等不及，就用湯匙或筷子在杯裡攪動，讓糖分子擴散得快一些。

為了更直觀地看到擴散的過程，下面我們做一個有趣的試驗。找 3 個一樣粗細的試管，在試管底部注入約 1 公分高鮮豔的紅墨水，然後再慢慢地、小心翼翼地往各試管注入清水，同時注意盡可能使兩層液體有分層、不混在一起。A、B、C3 個試管注入清水的高度分別為 2 公分，4 公分和 6 公分。觀察這些試管，我們會看到：紅色漸漸滲到清水中去；時間過得越久，紅色滲得越高；先是 A 試管，然後是 B 試管，最後是 C 試管裡的全部液體，從底到面變成均勻的紅色。把各試管顏色變均勻的大致時間記下來，我們就會知道，清水越高，紅色擴散均勻所花的時間越多。A、B、C3 個試管顏色均勻的時間，不是像有些人猜想的那樣，是 1：2：3，而是 1：4：9。也就是說，擴散的時間是與擴散距離的平方成正比的。

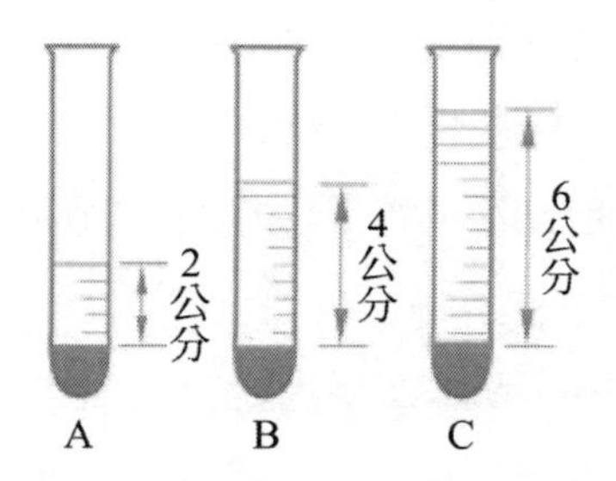

要弄清楚以上規律是否帶有普遍性，還得從大約 200 年前說起。1827 年，英國生物學家羅伯特·布朗（Robert Brown，1773 ～ 1858）用顯微鏡觀察懸浮在一滴水中的花粉，發現它們像醉鬼走路一樣，各自做毫無規則的運動。後來人們才知道，花粉之所以會不停息地做無序運動，是由於受水分子各方向不平衡撞擊的結果。由於這個現象是布朗首先發現的，所以後人稱它為布朗運動。

前面說過，布朗運動中的花粉，像醉鬼走路一般，完全不規則的運動。那麼，醉鬼是怎麼行動的呢？美國著名物理學家喬治·伽莫夫（George Gamov，1904 ～ 1968）教授對此做了極為生動的描述：假設在某個廣場的某個燈柱上靠著一個醉鬼，他突然打算走動一下，看他是怎麼走的吧！先是朝一個方向顛簸了幾步，然後又轉方向再顛簸了幾步，如此這般，每走幾步就隨意轉一個方向。每次轉方向都是事先無法預計的。為了研究醉鬼的行動規律，伽莫夫教授假想廣場上有一個以燈柱腳為原點的直角座標系。醉鬼所走的第 n 個分段在兩座標軸上的投影分別為 x_n，y_n。於是，走n段後醉鬼與燈柱的距離R滿足$R^2 =（x_1 + x_2 \cdots + x_n）^2 +（y_1 + y_2 \cdots + y_n）^2$

注意到醉鬼的走路是無規則的，他往燈柱走和背著燈柱走的可能性相等。因此，在 x 的各個取值中，正負參半。這樣，在上式右端的第一項展開中，所有的兩兩乘積裡，總可以找出大致數值相等、符號相反、可以互相抵消的一對對數來。n 的數目越大，這種抵消越徹底。因此，對很大的 n，我們有

$$(x_1 + x_2 + \cdots + x_n)^2 \approx x_1^2 + x_2^2 + \cdots + x_n^2 = nx^2$$

這裡 x 是醉鬼所走各段路程在 x 軸上投影的平方平均數。對 y，我們也可以得出同樣的結果，即

$$(y_1 + y_2 + \cdots + y_n)^2 \approx y_1^2 + y_2^2 + \cdots + y_n^2 = ny^2$$

於是

$$R^2 \approx n(x^2 + y^2)$$

或

$$R \approx \sqrt{n} \cdot \sqrt{x^2 + y^2}$$

後式相當於醉鬼走每段路的平均距離長度d，代入可得

$$R \approx \sqrt{n} \cdot d$$

這就是說，醉鬼在走了許多段不規則的彎曲路程後，距燈柱最可能的距離為路段數的平方根乘以各段路程的平均長度。

這裡必須說明的是，上面我們並非進行嚴格的數學運算，而是運用了統計規律。對某個醉鬼來說，他走n段路，未必就距離燈柱$\sqrt{n} \cdot d$。但如果有一大群醉鬼，互不干擾地從燈柱出發，顛顛簸簸地走各自的彎曲路，那麼他們距燈柱的平均值，就會接近$\sqrt{n} \cdot d$。人數越多，這種規律越精確。

以下我們回到本節開始的試驗。由於試管裡的水分子和紅色素分子彼此緊靠在一起，因此試管底的紅色素分子被周圍的水分子像醉鬼一樣撞得東來西去。因為它們之間靠得很近，所以兩次碰撞的平均距離很短，大約只有$\frac{1}{40\,000\,000}$公分，每秒鐘大約會發生10^{12}次碰撞。這樣，拿試管A來說，紅色素要擴散到2公分遠，碰撞的次數n必

須滿足

$$2=\sqrt{n}\cdot\frac{1}{40\ 000\ 000}$$

解得

$$n=6.4\times10^{15}$$

把上述的碰撞次數除以 10^{12}，即得 6.4×10^{3}。也就是說，大約需要經過 6,400 秒，紅色素分子才能從試管 A 的底部移動到試管 A 的水面上。即約需 1 小時 45 分鐘時間，試管 A 的顏色才能均勻。同樣道理，試管 B 需要 7 小時，試管 C 需要 16 小時，顏色才能均勻。3 個試管達到顏色均勻所需時間比為 1：4：9。

以上我們看到，對於布朗運動的理論分析，與關於色素擴散的試驗結果是多麼吻合。看來，大量的無序運動，同樣也包含著相當精確的有規則結果。這就是偶然中的必然 —— 統計規律的本質。

十九、

從〈歧路亡羊〉談起

〈歧路亡羊〉是《列子》中一篇寓意深刻的故事。摘錄如下：

楊子之鄰人亡羊，既率其黨，又請楊子之豎追之。楊子曰：「嘻！亡一羊，何追者之眾？」鄰人曰：「多歧路。」既返，問：「獲羊乎？」曰：「亡之矣。」曰：「奚亡之？」曰：「歧路之中又有歧焉，吾不知所之，所以返也。」

我們暫且不談故事的深刻哲理，而來研究一下楊子的鄰人，找到丟失的羊的可能性有多大。假定所有的分叉口都各有 2 條新的歧路。這樣，從圖 19.1 容易看出，每次分歧的總歧路數分別為：2^1，2^2，2^3，2^4，……，到第 n 次分歧時，共有 2^n 條歧路。因為丟失的羊走到每條歧路去的可能性都是相等的，所以當羊走過 n 個三岔路口後，一個人在某條歧路上找到羊的可能性只有 $\frac{1}{2^n}$。

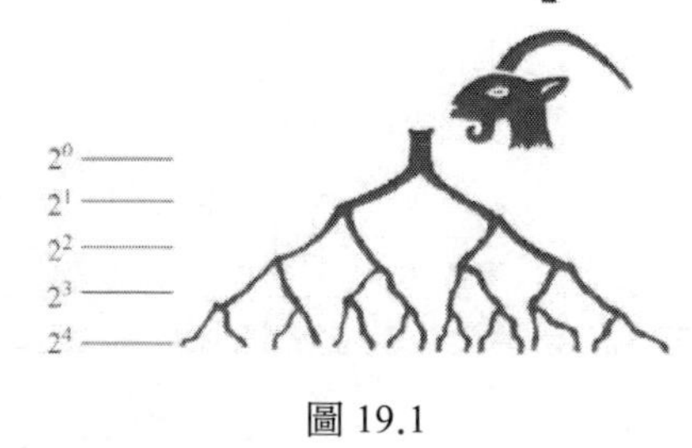

圖 19.1

例如，當 n ＝ 5 時，即使楊子的鄰人動員了 6 個人去

找羊，找到羊的可能性也只有

$$p=\frac{1}{2^5}\times 6=\frac{3}{16}=0.1875$$

還不及 1/5，況且一時還很難動員那麼多的人呢！可見，鄰人空手而返，也就是很自然的事了！

現在我們再設想有一種奇特的道路網：從第二次分歧起，鄰近的歧路相連通成一個新的三岔口，像圖 19.2 所示那樣。顯然，當丟失的羊在這種特殊的歧路網上，走到第一個三岔口時，它既可能從東邊，也可能從西邊走入不同的兩條南北走向的路。這種情形我們記為（1，1）。接著往下有 3 條南北走向的路：只有一直向左轉時，羊才會進入東邊的那條；羊進入中間的那條路有兩種可能，第一次向左而第二次向右，或第一次向右而第二次向左；只有兩次都向右時，羊才能進入西邊的那條路。概括 3 種情形，我們記為（1，2，1）。同樣分析可以得知，再接下去的 4 條南北走向路的情形可記為（1，3，3，1）。記號中的每一個

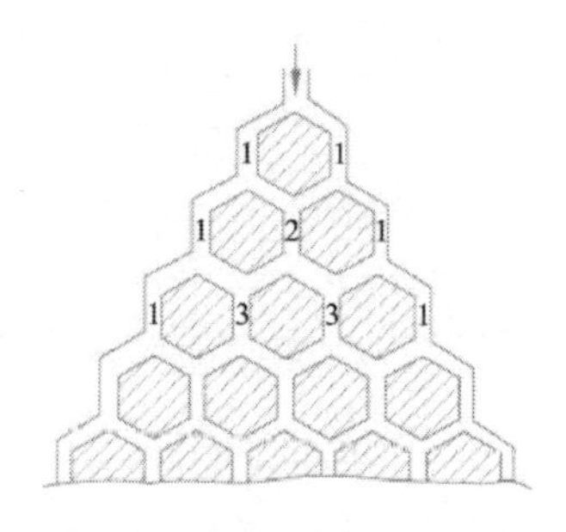

圖 19.2

數字，都代表到達相應路的不同路線數。如此下去，我們可以得到一個奇妙的數字表（圖 19.3）。

1	2^0
1 1	2^1
1 2 1	2^2
1 3 3 1	2^3
1 4 6 4 1	2^4
1 5 10 10 5 1	2^5
1 6 15 20 15 6 1	2^6
…	…

圖 19.3

這個三角形數字表的每列兩端都是 1，而且除 1 以外的每個數字，都等於它肩上兩個數字的和。這是因為，它實際上表示丟失的羊到達該數字地點的路線數，所以應等於肩上兩個路線數的累加。這種性質，允許我們將上面的表無限地構造下去。

類似的數字表早在 1261 年就出現在數學家楊輝的著作中，我們稱它為「楊輝三角」（圖 19.4）。在歐洲，這種數字表的出現要晚了大概 400 年，發現者就是〈十一、分取賭金的風波〉中提到過的法國數學家帕斯卡，因此國外常把這種數字表叫「帕斯卡三角」。

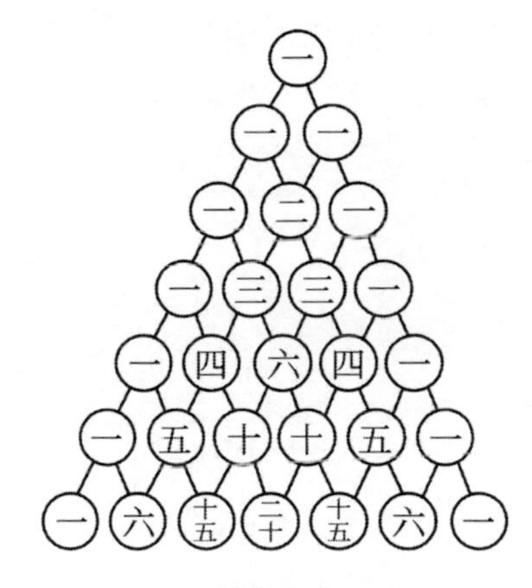

圖 19.4

從楊輝三角可以看出，前面我們設想的那種奇特歧路網，實際上是一種常見的、規範的棋盤格道路的美化（圖 19.5）。

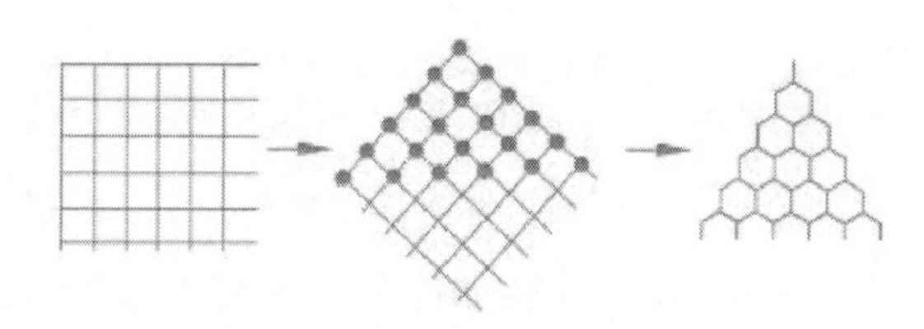

圖 19.5

楊輝三角第 n 排的數字和，實際上就是〈歧路亡羊〉中第 n 次分叉後的總歧路數，所以應當等於 2^n。例如，表最後一排的數字和 1 ＋ 6 ＋ 15 ＋ 20 ＋ 15 ＋ 6 ＋ 1 ＝ 64 ＝ 2^6

$$
\begin{array}{c}
1 \\
1 \quad 1 \\
1 \quad C_2^1 \quad 1 \\
1 \quad C_3^1 \quad C_3^2 \quad 1 \\
1 \quad C_4^1 \quad C_4^2 \quad C_4^3 \quad 1 \\
1 \quad C_5^1 \quad C_5^2 \quad C_5^3 \quad C_5^4 \quad 1 \\
1 \quad C_6^1 \quad C_6^2 \quad C_6^3 \quad C_6^4 \quad C_6^5 \quad 1
\end{array}
$$

圖 19.6

為方便起見，我們把楊輝三角中第 n 排的除了開頭 1 以外的第 k 個數字記為 C_n^k（圖 19.6）。這麼做的優點是，今後如果需要了解到達上述數字表對應位置會有多少可能的路線時，無須思考，立即知道是 C_n^k 條。

下面要講的是機率論中頗為重要的課題——獨立重複試驗。我們很快就會看到，將要得到的結果與楊輝三角之間的關聯，究竟有多麼緊密。

仍以擲幣為例。如果我們把擲幣中出現的正面和反面的可能，看成楊輝三角中向左和向右的路線。那麼，楊輝三角中第一排的（1，1），就相當於擲第 1 枚幣時出現的（正，反）的可能；而第二排的（1，2，1），就相當於重複擲 2 枚幣時出現的（兩正，一正一反，兩反）的可能；而第 3 排的（1，3，3，1），就相當於重複擲 3 枚幣時出現（三正，二正一反，二反一正，三反）的可能……如此等等。這樣，楊輝三角中第 n 排個數，與擲 n 枚幣出現的各種可能性的數字，有以下對等關係（表 19.1）。

表 19.1 對等關係表

n次擲幣的可能情形	可能出現數
全正	1
1 次反，n-1 次正	C_n^1
2 次反，n-2 次正	C_n^2
3 次反，n-3 次正	C_n^3
⋮	⋮
k 次反，n-k 次正	C_n^k
⋮	⋮
全反	1
	2^n

於是，我們得出，重複 n 次擲幣，出現 k 次正面或反面的機率為

$$P_n(k)=C_n^k \cdot \frac{1}{2^n}$$

例如，擲 6 次幣，出現 3 次正面的機率為

$$P_6(3)=C_6^3 \cdot \frac{1}{2^6}=\frac{20}{64}=0.3125$$

式中的 $C_6^3=20$，是從楊輝三角中相應位置對應的數得到的。

上面我們講的擲幣，每次出現正、反的機會都是均等的。假如某事件出現的機率是 p，那麼在 n 次試驗中，該事件恰好出現 k 次的機率又是多少呢？這只要注意到一個事實，即在楊輝三角中，任何到達 C_n^k 的路線，都必須是恰好向右走 k 次，向左走 n － k 次。這樣，假如我們把向右走相當於事件發生，向左走相當於事件不發生，那麼，任何一條到達 C_n^k 位置線路的機率，均為 $p^k(1-p)^{n-k}$，其中 1 － p 是事件不發生的機率。由本節開始的分析知道，到達 C_n^k 的線路數即為 C_n^k，所以我們即得 n 次試驗中，事件出現 k 次的機率公式為

$$P_n(k) = C_n^k \cdot p^k (1-p)^{n-k}$$

這是一個來之不易，且不算很簡單的公式。然而回顧整個推導過程，我們所用的知識並不太多，主要是選擇一條為大多數讀者所能接受的路，儘管它也有些彎曲和坎坷。

二十、

選擇題與評分的科學扣分

標準化考試是國際上廣為流行的考試方法，它具有客觀性強、覆蓋面廣、閱卷迅速等優點。

選擇題是標準化考試中最常採用的題型。從題目的結構看，一般分為兩部分：一部分是提出或陳述一個問題，另一部分是備選答案，包含一個正確答案及幾個錯誤答案。我們來看下面的例子。

【選擇題】以下圖形中，有幾個是正方體的表面展開圖？

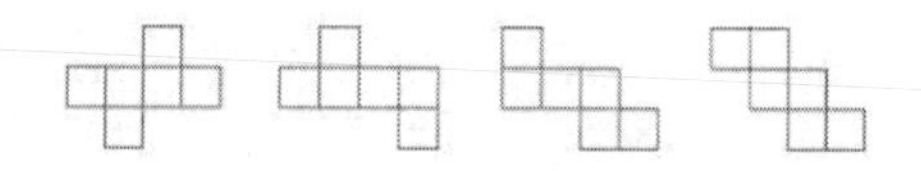

A. 1 個；B. 2 個；C. 3 個；D. 4 個。

例子中備選答案有 4 個，只有 D 選項是正確的。一道選擇題的備選答案數，我們稱為「項數」。上面的例子是一道 4 項選擇題。

雖然選擇題作為考試的題型，有許多優點，但也存在一個嚴重的不足，即難摒棄「碰運氣」的成分。具體來說，對一個一無所知的人，單憑運氣，也可能選到幾個正確答案。

事實上，一道 λ 項的選擇題，隨機選取，恰好選到正

確答案的機率是 $\frac{1}{\lambda}$，選到不正確答案的機率是 $1-\frac{1}{\lambda}$。假設共有 n 道這樣的選擇題，那麼由〈十九、從《歧路亡羊》談起〉中知道，光憑運氣隨機選對 k 題的機率為

$$P_n(k)=C_n^k\cdot\left(\frac{1}{\lambda}\right)^k\left(1-\frac{1}{\lambda}\right)^{n-k}$$

具體些，如果我們有 10 道題，每道題有 4 個備選答案，即 n ＝ 10，λ ＝ 4。那麼，可以一個個算出隨機選對 k 題的機率（只是相應的 C_n^k 要從楊輝三角的第 10 排去查）（表 20.1）。

表 20.1 隨機選題機率

選對題數	相應的機率 P10(k)
k = 0	0.0563
k = 1	0.1871
k = 2	0.2816
k = 3	0.2503
k = 4	0.1460
k = 5	0.0584
k = 6	0.0162
k = 7	0.0031
k = 8	0.0004
k = 9	0.0000

從表 20.1 中容易看出，光憑運氣選對兩道題或三道題的可能性占 50%以上，如果這也「給分」的話，顯然是不夠合理的。正是由於存在這種不合理性，所以許多國家的考試組織，都會對各種考試做形式各異的彌補性規定。如美國中學數學競賽，共有 30 道選擇題，每卷給 30 分基本分，以平衡隨機得分。只有全錯才得 0 分，但全錯的可能性是很低的。又如某數學聯賽試題，對選擇題得分做以下規定：答對得滿分，答錯得 0 分，不答得 1 分。這主要是鼓勵學生「知之為知之，不知為不知」，不要去做碰運氣選題的事。再如某大學的自主招生，語文、數學、物理、化學的考試試題，均由 40 道選擇題組成，得分規定為：選對的得 5 分；不選的得 0 分；選錯的扣 2 分。這裡設定的扣分，意在懲罰那些碰運氣的人。

上面的眾多規定，既有合理的一面，也都有不合理的地方。從科學的角度來看，要讓那些靠碰運氣選題的人得不到分，才算合理。為此，我們必須去求靠運氣最可能會選對的題數 k^*，這相當於解以下不等式組：

$$\begin{cases} P(k^*) > P(k^*+1) \\ P(k^*) \geqslant P(k^*-1) \end{cases}$$

僅限於國中的知識，要解上面不等式組還有一定的困難，但解得的結果卻是很簡單的：

$$k^{*}=\left[\frac{n+1}{\lambda}\right]$$

其中 [x] 表示不超過 x 的最大整數。如 [π] ＝ 3，[lg32] ＝ 1 等。在前面例中

$$k^{*}=\left[\frac{10+1}{4}\right]=2$$

這與表中查到的相應機率的最大值是一致的。

當 k^{*} 確定之後，我們便可以設定扣分，使選對 k^{*} 題的人得不到分。科學的扣分法有兩種。

第一種方法：

設答對一道題得 r 分，答錯一道題得 0 分，每卷以－ $k^{*}r$ 為基本分，且總得分不取負值。顯然，全對者得（$n-k^{*}$）r，即為滿分。如前例中的 10 道題，假定每道題答對得 5 分，由於 $k^{*}=2$，所以基本分可定為－ 2×5 ＝－ 10 分，滿分為 40 分。

第二種方法：

設答對一道題得 r 分，答錯一道題扣 t 分，基本分為 0 分。t 的選取，要使選對 k^{*} 題的人得不到分數（因為我

們認為他是純粹靠運氣選對的）。因此，該卷所得分數應與所扣分數相當，即 $k^*r = (n - k^*)r$，算得

$$\frac{r}{t} = \frac{n}{k^*} - 1 = \frac{n}{\left[\frac{n+1}{\lambda}\right]} - 1$$

對於多重選擇題，隨著項數 λ 的增大，靠運氣選對的題數 k^* 相應減少。對這種情形，即使不設定扣分，也不至於對總分造成太大的影響。

從 k^* 的計算式可以看出，要減少 k^* 的途徑有兩條，一是減少題目數量，二是增大項數。減少題目的數量是沒有實際意義的，而增大備選答案的個數，又對設計題目造成了困難。怎麼辦呢？最近，有的考試採用一種叫「多解選擇」的方法，每個備選答案都可能是正確的或錯誤的（與單一選擇題的差別是，不再只有一個答案正確）。這樣，λ 個備選答案，每個答案都有「取」與「不取」兩種選擇，共有 $2 \times 2 \times 2 \times \times 2 \cdots 2 = 2^\lambda$ 種選取的方法。除去都不選的一種情形，實際項數有 $\lambda^* = 2^\lambda - 1$。

這顯然比單一選項的項數要高得多。例如，備選答案只有 3 個的「多解選擇」題，實際項數 $\lambda^* = 2^3 - 1 = 7$。項數這麼高，隨機選對的可能性勢必很小。因而，「多解選擇」一般是沒有必要去設定扣分的。

二十一、

不模糊的模糊數學

二十一、不模糊的模糊數學

常言說得好：「差之毫釐，繆以千里。」一顆人造衛星，要送到地球上空的預定軌道，離不開精密的數學計算。百層摩天大樓能夠拔地而起，沒有準確的數學計算，也是難以想像的。數學一向以嚴密、精確著稱。然而，在1960年代，卻偏有一個叫「模糊數學」的數學新分支異軍突起。

難道數學計算無須精密準確而要「模模糊糊」？當然不是。自然科學的學科，只有當它們能夠使用數學語言描述時，才談得上成熟。在恩格斯的那個年代，數學在生物學上的應用還幾乎為零。然而如今的生物學，已全然離不開數學。就連許多社會科學，也在不斷追求定量化和數學化。那麼，為什麼在此時此刻，反而半路殺出一個「模糊數學」呢？這還得從兩種不同的概念說起。

在日常生活中，我們遇到的概念不外乎兩類。一類是清晰的概念，對象是否屬於這個概念是明確的。例如，人、自然數、正方形……等。要麼是人，要麼不是人；要麼是自然數，要麼不是自然數；要麼是正方形，要麼不是正方形……非此即彼。另一類概念對象從屬的界限是模糊的，隨判斷人的思維而定。例如，美不美、早不早、便宜不便宜……等。西施是中國古代公認的美女，但有道是「情人眼裡出西施」，這就是說，在一些人看來未必那麼美的人，在另一些人眼裡，卻美得可以與西施相比擬。可見，「美」與「不美」是不存在一個精確的界限的。再說「早」與「不早」，清晨5點，對為都市「梳妝打扮」的清潔工人來說，可能算是遲到了，但對大多數小學生來說，卻是很早的。至於便宜不便宜，那更是隨人的感覺而異了！在客觀世界中，諸如上述的模糊概念，要比清晰概念多得多。對於這類模糊現象，過去已有的數學模型難以適用，需要形成新的理論和方法，即在數學和模糊現象之間架起一座橋梁，這就是我們要說的「模糊數學」。

加速這座橋梁架設的是電腦科學的迅速發展。大家都知道，人的大腦具有非凡的判別和處理模糊事物的能力。就拿一個孩子辨識自己的母親為例，即使這位母親更換了新衣，改變了髮型，她的孩子依然會從高矮胖瘦、聲音、姿態……等迅速做出準確判斷。如果這件事讓電腦來做，那就非得把這位母親的身高、體重、行走速度、外形曲線……等，全都計算到小數點後的十幾位，然後才能著手判斷。這樣的「精確」實在是事與願違，走到了事物的反面。說不定就因為這位母親臉上一時長了一個小痘痘，該部位的平均高度比原本高了幾公厘，而使電腦做出「拒絕接受」的判斷！難怪模糊數學的創始人、美國加利福尼亞大學教授、自動控制專家澤德（Lotfi Aliasker Zadeh，

1921～2017）說：「所面對的系統越複雜，人們對它進行有意義的精確化的能力就越低。」他生動地舉了一個停車問題的例子，他說，要把汽車停在擁擠停車場的兩輛汽車之間的空地上，這對有經驗的司機來說，並非什麼難事，但若用精確的方法求解，即使是一臺大型電腦也不容易。

那麼，要讓電腦能夠模仿人腦，對複雜系統進行辨識和判斷，出路在哪裡呢？澤德教授主張在極度的複雜性面前，在精度方面「後退」一步。他提出用隸屬函數使模糊概念數學化。例如「禿頭」，這顯然是一種模糊概念。(a)的頭沒有一點頭髮，屬標準「禿頭」，隸屬程度為1；(d)的頭是典型禿頂，所以「禿」的隸屬程度可定為0.8；(c)的頭上，長滿了烏黑的頭髮，根本與「禿」完全無關，所以「禿」的隸屬程度為0；(b)與(e)的「禿」，比之(a)(d)不足，比之(c)則有餘，隸屬程度可分別定為0.5和0.3。這樣「禿」這個模糊概念就可以用以下的方法定量地給出定義：[禿頭] = 1/a + 0.5/b + 0/c + 0.8/d + 0.3/e，這裡的「+」和「/」，不是一般的相加和相除，只是一種記號。「1/a」表示狀態a的隸屬程度為「1」，「+」則表示各種情況的並列。

以下我們再看「年輕」和「年老」這兩個模糊概

念。澤德教授本人根據統計數據，擬合了這兩個概念的隸屬函數影像。圖 21.2 中橫座標表示年齡，縱座標表示隸屬程度。例如，從座標圖可以看出，50 歲以下的人不屬於「年老」，而當年齡超過 50 歲時，隨著歲數的增加，「年老」的隸屬程度也越來越大。「人生七十古來稀」，70 歲的人「年老」的隸屬程度已達 94%。同樣，在座標圖中我們可以看到，25 歲以下的人，「年輕」的隸屬程度為 100%；超過 25 歲，「年輕」的程度越來越小；40 歲已是「人到中年」，「年輕」的隸屬程度只有 10%。

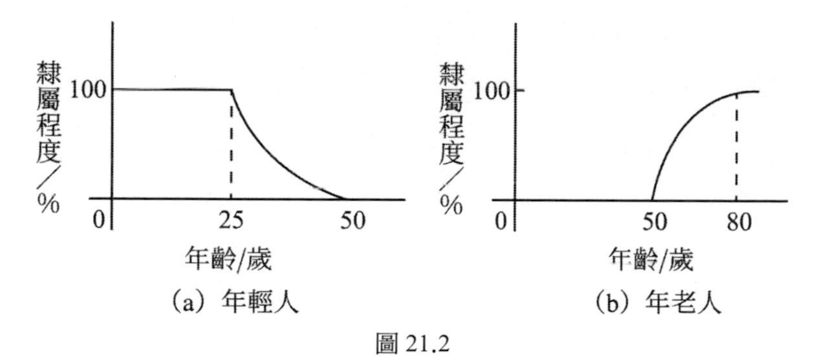

圖 21.2

假如有人問你：「你的數學老師年輕嗎？」而你的回答卻是：「他『年輕』的隸屬程度為 25%。」這樣的答案當然不會有錯，但顯然是很彆扭的。為了使人產生一種確切的印象，我們可以固定一個百分數，例如 40%，隸屬程度大於或等於 40%的都叫「年輕」，反之就不叫「年輕」。在這種前提下，你可以明白地告訴你的朋友，你的數學老師不年輕。因為這時「年輕」一詞，已從模糊概念轉為明確的概念。當然，作為隸屬程度分界線的那個固定百分數，是應當透過科學的分析，或透過民意測驗的統計來選取的。

再舉中國古代史的分期為例，「奴隸社會」是個模糊概念。[奴隸社會] = 1/ 夏＋ 1/ 商 ＋ 0.9/ 西周＋ 0.7/ 春秋 ＋ 0.5/ 戰國＋ 0.4/ 秦＋ 0.3/ 西漢 ＋ 0.1/ 東漢。取 0.5 的隸屬程度作為奴隸社會的劃分界限，那麼屬於奴隸社會的，就該是夏、商、西周、春秋和戰國。秦、漢則不屬於奴隸社會。

在精確數學中，「非常」、「很」、「不」等詞是很難用數量加以表述的。但在模糊數學中，卻可以讓它們定量化。例如，「很」表示隸屬程度的平方，「不」則表示用 1 減掉原隸屬度……等。如 30 歲屬於「年輕」的隸屬程度為 0.5，那麼屬「很年輕」的隸屬程度就只有 $(0.5)^2 = 0.25$，而「不很年輕」的隸屬程度則為 $1 - (0.5)^2 = 0.75$。

上面我們看到，在對事物的模糊性進行定量時，同樣需要用到機率統計和精確數學的方法。由此可見，「模糊數學」實際上並不模糊。

模糊數學的誕生，把數學的應用領域從清晰現象擴展到模糊現象，從而使數學闖進了許多過去難以達到的「禁區」。用模糊數學的模型來編製程式，讓電腦模擬人腦的思維活動，已經在文字辨識、疾病診斷、氣象預測、火箭發射等方面獲得成功，前景十分誘人。

二十二、

從田忌賽馬到俾斯麥海海戰

二十二、從田忌賽馬到俾斯麥海海戰

在漫漫的人類文明史上，我們可以看到形形色色的競爭現象。處於對立的雙方，總是千方百計謀求對自己有利的策略。1940 年代以來，由於生產和戰爭的需求，在大批科學工作者的努力下，這種研究對策的數學模型和理論終於形成。1944 年，匈牙利數學家馮·諾依曼和美國經濟學家摩根斯坦（Morgenstern）合作寫成《對策論與經濟行為》一書，正式宣告又一個數學新分支的誕生。

戰國時期「田忌賽馬」的故事，也是一個十分精彩的對策例子。

齊王與大將田忌商議賽馬，雙方約定：各自出上、中、下 3 種等級的馬各一匹。每輪舉行 3 場對抗賽。輸者每輸一場要付給勝者黃金 1,000 兩。由於田忌的馬比齊王同等級的馬都要略遜一籌，而在前一輪的比賽中，雙方都是用同等級的馬進行對抗，所以齊王很快贏了全部 3 場，得到了 3,000 兩黃金。

鑑於第一次賽馬的慘敗，所以當齊王滿面春風地再次邀請田忌賽馬時，田忌感到很為難。一方面君王的旨意不好違背，另一方面自己對這種必敗的賽局失去了信心。田忌的軍師孫臏，是得名師鬼谷子真傳的一位非常有才能的軍事家。他了解到主將悶悶不樂的緣由，便替田忌出了一個主意：用自己的下等馬和齊王的上等馬比賽，而用自己的上等馬和齊王的中等馬比賽，用中等馬和齊王的下等馬比賽。比賽開始，第一場齊王的馬以極大的優勢獲得勝利。齊王沒有料到田忌的馬竟然如此不堪一擊，為此俯仰大笑，得意不已。但好景不常，在第二、三場比賽中，田忌的馬都獲得勝利。這一輪齊王非但沒有贏，反而輸了1,000 兩黃金。可笑的是，齊王輸了錢，還不清楚自己是怎麼輸的呢！

其實，齊王出馬的對策有 6 種：（上，中，下）、（上，下，中）、（中，上，下）、（中，下，上）、（下，上，中）、（下，中，上），括號中寫的是出馬的等級和順序。田忌的對策也同樣有 6 種。這樣搭配起來，就有 36 種對賽的局勢。其中齊王贏 3,000 兩黃金的局勢有 6 種，贏 1,000 兩黃金的局勢有 24 種，只有 6 種輸 1,000 兩黃金。因此，總體來看，田忌輸的機率為 5/6，贏的機率只有 1/6。

既然田忌贏的可能性這麼小，那麼孫臏是根據什麼來獲勝的呢？原來關鍵在於孫臏猜到了齊工的對策。他猜想，齊王因上次的大獲全勝，這次不會輕易更改對策。這就讓孫臏在對局前便掌握了主動權，有的放矢地制定「退一步，進兩步」的策略。如果不是這樣的話，縱然孫臏有天大的本事，也是會輸的。

齊王的失敗教訓，在於己方的策略被對方洞悉。然而，在一般的競爭中，相對的雙方，都是在不知道對方策略的情況下，各自選擇自己的最優對策。以下是第二次世界大戰期間，一個著名的對策戰例。

1943 年 2 月，美軍獲悉日本艦隊集結在南太平洋的新不列顛島，準備越過俾斯麥海開往伊里安島（新幾內亞）。美西南太平洋空軍司令肯尼，奉命攔截轟炸日本艦隊。從新不列顛島去伊里安島的航線有南北兩條，航程約為 3 天。未來 3 天北路氣候陰雨連綿，南路晴。美軍在攔截前需要派偵察機偵察，待發現日艦航線後，再出動大批轟炸機進行轟炸。

對美軍來說，全部可能的方案如下。

（N，N）方案：集中偵察北路，派少量偵察機偵察南路，日艦也走北路。雖然天氣不好，但可望一天內發現日艦，有兩天時間轟炸。

（N，S）方案：集中偵察北路，派少量偵察機偵察南路，日艦走南路。因南路天氣晴，少量偵察飛機用一天也能發現日艦，轟炸時間也有兩天。

（S，N）方案：集中偵察南路，派少量偵察機偵察北路，日艦走北路。少量偵察機在陰雨的北路偵察，發現目標需要兩天，轟炸時間只有一天。

（S，S）方案：集中偵察南路，派少量偵察機偵察北路，日艦也走南路。可望能立即發現日艦，這樣能夠有 3 天的轟炸時間。

以上各方案，美軍贏得的轟炸時間簡化如表 23.1 所示。

表 23.1 轟炸時間簡化表

美＼日	N	S
N	2	2
S	1	3

對美軍來說，最理想的方案是（S，S），因為它可以贏得 3 天轟炸時間。但因預先並不知道日方對策，如果貿然集中力量偵察南路，很可能會落得最差的（S，N）結果。同樣，日方在思索對策時，既要看到對自己最佳的方案（S，N），也不能不猜想對自己最不利的方案（S，S）。因此，對日艦來說，走南路是很冒險的。美軍司令肯尼將軍經過認真研究，毅然決定把搜尋重點放在北路。結果這場載入史冊的俾斯麥海海戰，最後以美軍獲勝告終。

為了下一節敘述方便，我們把美方贏得轟炸的時間表，省去策略部分，只留下矩形的數字陣，簡稱贏得矩陣：

$$\begin{bmatrix} 2 & 2 \\ 1 & 3 \end{bmatrix}$$

像上面那樣，給出贏得矩陣的對策，叫做矩陣對策。「田忌賽馬」是一種矩陣對策。大家所熟悉的「剪刀、石頭、布」遊戲，也是一種矩陣對策。如果約定：勝者得 1 分，負者得－ 1 分，平手得 0 分，而且雙方的策略都照剪刀、石頭、布的順序，那麼簡化後某一方的贏得矩陣為

$$\begin{bmatrix} 0 & 1 & -1 \\ -1 & 0 & 1 \\ 1 & -1 & 0 \end{bmatrix}$$

讀者還可以自行列出「田忌賽馬」的贏得矩陣進行練習。

二十三、

「矮高」和「高矮」誰高的啟示

前一個故事中我們說到，在俾斯麥海海戰中，美方的贏得矩陣為

$$\begin{bmatrix} 2 & 2 \\ 1 & 3 \end{bmatrix}$$

現在撇開具體的史實不談，而把它看成是甲、乙兩人對策的甲方贏得表（表 23.1）

表 23.1 甲方贏得表

甲方／乙方	策略 A	策略 B
策略 I	2	2
策略 II	1	3

從表 23.1 中可以看出，甲方最大的贏得是 3。也就是說，甲方總希望自己取得 3，因而得出應採用策略 II。然而乙方也在思考，甲方會有希望贏得 3，而出策略 II 的心理狀態，於是就設想用策略 A 參與對策，這時甲方只能得到最少的 1。同樣，甲方也會進一步想：乙方可能會抓住我方的心理狀態而出策略 A，那麼我方就該出策略 I 了。看來肯尼將軍當時大概就是這樣想的。

下面是一個透過推斷別人的心理狀態，而得出自我判斷的絕妙例子，它與對策中的局中人在選取策略時的思考判斷，頗有相似之處。

問題是這樣的：甲、乙、丙 3 個聰明人在一起午睡。某好事者將他們的前額都塗黑。醒後，三人相視大笑。因為每人都看到兩個朋友的前額被塗黑了。突然其中更為機靈的甲不笑了，趕快拿水洗自己的額頭。問：甲是如何斷定自己的額頭也被塗黑的？

原來，甲心裡想，我看到乙、丙兩人的前額都被塗黑，因此想笑。如果我的前額是乾淨的，那麼乙則是只因丙的前額被塗黑而笑！假如我的這種推想是成立的，乙大概就會警覺到自己的前額也被塗黑了，因為否則丙看到兩個人的前額都是乾淨的，有什麼值得笑的呢？然而現實是，丙在笑，乙也在笑。從而甲斷定自己的前額一定也被塗黑了。

在對策中，各方的心理狀態都是想在不冒險的前提下，設法讓自己贏得最多，失去最少。通俗地說，就是從最好的結果著眼，考量最壞的可能。

根據上述的指導原則，甲方應在自己的每一個策略中，首先注意那些對自己最不利的贏得。因為必須猜想到對方會選取使自己處於最不利地位的策略。不能去走冒險棋，以至於「一有不慎，全盤皆輸」。但甲方應能從各個策略的最小贏得中間，去尋求最有利的策略。即從各策略的最小贏得中，去找最大的一個。這不僅是明智的，而且可以立於不敗之地。同樣的道理，乙方必須從自己的策略會造成對方較大的贏得著手，而從各個最大中去尋求使自己損失最小的策略。即從各個策略的對方最大贏得中，去找最小的一個。

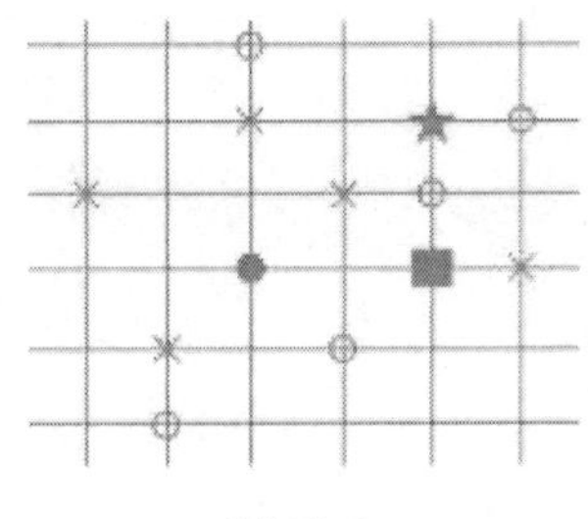

圖 23.1

在繼續討論之前，我們先思考一個有趣的智力問題：有 m×n 個人，排成 m 列、n 行的人陣（圖 23.1）。今從每列中找出本列最矮的人（圖中用○表示），再在各列最矮的人中選出最高者（圖 23.1 中用●表示），把這人稱為「矮高」。現在再從每行中找出該行最高的人（圖 23.1 中用 × 表示），然後從各行最高的人中選出最矮者（圖 23.1 中用★表示），把這人叫做「高矮」。現在問：是「高矮」高呢？還是「矮高」高呢？答案是肯定的：「高矮」絕不會低於「矮高」。

事實上，如果「★」與「●」重合，則「高矮」與「矮高」是同一個人，當然一樣高。如果「★」與「●」在同一列或同一行，那麼根據他們各自的規定，「矮高」是不可能高於「高矮」的。最後，如果像圖 23.2 中那樣，「★」和「●」在不同的列和行，那麼我們取「●」所在列和「★」所在行的交叉處為「■」。根據規定，同在一列的「●」和「■」，前者不會比後者高；又在同一行的「■」和「★」，前者也不會比後者高。因此「●」絕不會高於「★」。即 3 種情況都有「矮高」不高於「高矮」。特別當「矮高」與「高矮」一樣高時，「★」、「■」和「●」三者的高度必須是相等的。

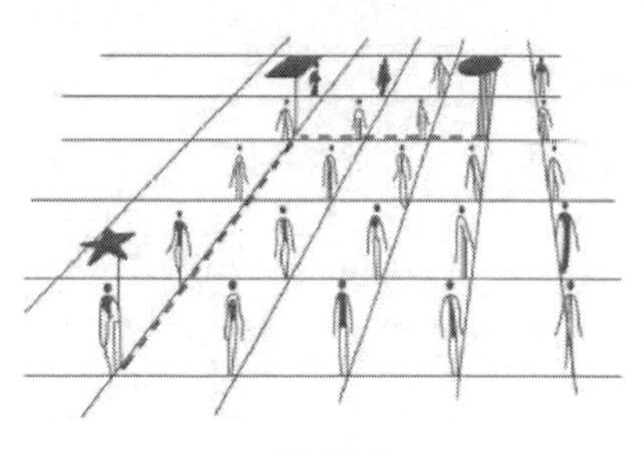

圖 23.2

現在回到前面的對策問題上。如果一個二人對策，甲方的贏得矩陣是

$$\begin{bmatrix} a_{11} & a_{12} & \cdots & a_{1n} \\ a_{21} & a_{22} & \cdots & a_{2n} \\ \vdots & \vdots & & \vdots \\ a_{m1} & a_{m2} & \cdots & a_{mn} \end{bmatrix}$$

這就像上面講的 m×n 人陣一樣。對甲方來說，要找的是各列最小贏得中的最大，即找「矮高」——「●」；而對乙方來說，則需要找各行對方最大贏得中的最小，即找「高矮」——「★」。如果在矩陣中，「●」與「★」一樣大，那麼甲、乙雙方都會一致選取相應於「■」的策略。因為這是在不知對方將採用什麼策略的情況下，對雙方來說，都是最保險和最有利的。這時，相應於「■」的策略，稱為對策的最佳策略。

誠然，在一般情況下，「矮高」是低於「高矮」的，這時最佳策略不存在。「田忌賽馬」是一種沒有最佳策略的對策。「剪刀、石頭、布」的遊戲，也是一種沒有最佳策略的對策。遊戲中的「高矮」是 1，而「矮高」是－1，兩者是顯然不相等的。因此這種遊戲的勝負，只好靠隨機性而決定了。

二十四、

可以視為前言的結束語

在這本書中，作者試圖用一些生動而有趣的故事，讓各位讀者了解一門數學分支的真諦，從偶然中去發現必然，從歡娛中去獲取知識。

瑞典數學家拉斯·戈丁（1919～2014）在《數學概觀》（*Encounter with Mathematics*）一書中，有一段關於機率和機率研究極為精闢的論述。這段文字是如此合拍地與本書作者的認知相共鳴，以至於作者決心轉錄這段原文，以饗讀者。

機率（probability）這個詞，是和探求（probe）真實性連結在一起的。在我們所生活的世界上，充滿了不確定性。因此我們就試圖透過猜測事件的真相和未來，來掌握這種不確定性。在對我們周圍世界進行分析時，這種方法是重要的組成部分。當我們希望得到確定的結果，在正常的情況下，我們可以把形勢分成絕對危險的或絕對安全的，並且避開危險。我們在崎嶇不平的道路上小心地前進，正如行人和司機一樣，總讓自己離不安全地帶很大一段距離。但是這種分類方法，也包含風險在內。對同一現象有了兩、三次相似的經驗之後，我們就傾向於認為它總會以同樣的方式產生。

不安全感既使人緊張，又是對人的挑戰，它強迫人們在後果還不完全清楚的情況下，對各種方案進行選擇。如果這種選擇的確有某種意義的話，我們可能是以一種歡樂、興奮的心情進行選擇的。可是，壞選擇的後果不能太嚴重，假如我們處在危險的關頭，那就得動員我們的整個腦力資源，不只是智力上的，還有情緒上的整個儲備來對付它，而如果失敗，那就可能是毀滅性的。未知的魅力是那麼動人，促使人們發明了無數的遊戲，使他們能夠在有條不紊的、毫無生命危險的情況下玩個痛快。

機率論是運氣的數學模型，最初它只是對帶有機遇性遊戲的分析，而現在已經是一門龐大的數學理論，它在社會科學、生物學、物理學和化學上都有應用。

作者願以上面這段可以視為前言的文字，結束本書。

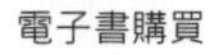
電子書購買

爽讀 APP

國家圖書館出版品預行編目資料

亂數中的秩序，機率學在日常中的角力：密碼破譯 × 抽籤順序 × 投擲骰子 × 布朗運動，從賭桌到實驗室，數學如何定義命運？ / 張遠南 著 . -- 第一版 . -- 臺北市：崧燁文化事業有限公司, 2024.06
面； 公分
POD 版
ISBN 978-626-394-400-8(平裝)
1.CST: 機率論
319.1 113007806

亂數中的秩序，機率學在日常中的角力：密碼破譯 × 抽籤順序 × 投擲骰子 × 布朗運動，從賭桌到實驗室，數學如何定義命運？

臉書

作　　者：張遠南
發 行 人：黃振庭
出 版 者：崧燁文化事業有限公司
發 行 者：崧燁文化事業有限公司
E-mail：sonbookservice@gmail.com
粉 絲 頁：https://www.facebook.com/sonbookss/
網　　址：https://sonbook.net/
地　　址：台北市中正區重慶南路一段 61 號 8 樓
8F., No.61, Sec. 1, Chongqing S. Rd., Zhongzheng Dist., Taipei City 100, Taiwan
電　　話：(02) 2370-3310　　傳　　真：(02) 2388-1990
印　　刷：京峯數位服務有限公司
律師顧問：廣華律師事務所 張珮琦律師

定　　價：299 元
發行日期：2024 年 06 月第一版
◎本書以 POD 印製
Design Assets from Freepik.com